Bouraoui Ouni

Applications à base d'FPGA

Bouraoui Ouni

Applications à base d'FPGA

Ingénierie et programmation de l'FPGA

Presses Académiques Francophones

Impressum / Mentions légales
Bibliografische Information der Deutschen Nationalbibliothek: Die Deutsche Nationalbibliothek verzeichnet diese Publikation in der Deutschen Nationalbibliografie; detaillierte bibliografische Daten sind im Internet über http://dnb.d-nb.de abrufbar.
Alle in diesem Buch genannten Marken und Produktnamen unterliegen warenzeichen-, marken- oder patentrechtlichem Schutz bzw. sind Warenzeichen oder eingetragene Warenzeichen der jeweiligen Inhaber. Die Wiedergabe von Marken, Produktnamen, Gebrauchsnamen, Handelsnamen, Warenbezeichnungen u.s.w. in diesem Werk berechtigt auch ohne besondere Kennzeichnung nicht zu der Annahme, dass solche Namen im Sinne der Warenzeichen- und Markenschutzgesetzgebung als frei zu betrachten wären und daher von jedermann benutzt werden dürften.

Information bibliographique publiée par la Deutsche Nationalbibliothek: La Deutsche Nationalbibliothek inscrit cette publication à la Deutsche Nationalbibliografie; des données bibliographiques détaillées sont disponibles sur internet à l'adresse http://dnb.d-nb.de.
Toutes marques et noms de produits mentionnés dans ce livre demeurent sous la protection des marques, des marques déposées et des brevets, et sont des marques ou des marques déposées de leurs détenteurs respectifs. L'utilisation des marques, noms de produits, noms communs, noms commerciaux, descriptions de produits, etc, même sans qu'ils soient mentionnés de façon particulière dans ce livre ne signifie en aucune façon que ces noms peuvent être utilisés sans restriction à l'égard de la législation pour la protection des marques et des marques déposées et pourraient donc être utilisés par quiconque.

Coverbild / Photo de couverture: www.ingimage.com

Verlag / Editeur:
Presses Académiques Francophones
ist ein Imprint der / est une marque déposée de
OmniScriptum GmbH & Co. KG
Heinrich-Böcking-Str. 6-8, 66121 Saarbrücken, Deutschland / Allemagne
Email: info@presses-academiques.com

Herstellung: siehe letzte Seite /
Impression: voir la dernière page
ISBN: 978-3-8416-3436-8

Copyright / Droit d'auteur © 2015 OmniScriptum GmbH & Co. KG
Alle Rechte vorbehalten. / Tous droits réservés. Saarbrücken 2015

Applications à base d' FPGA

Bouraoui Ouni

Maitre de conférences à l'école nationale d'ingénieurs de Sousse (ENISO)

Laboratoire d'électronique de microélectronique faculté des sciences de Monastir

E-mail : ouni_bouraoui@yahoo.fr

Table des matières

Diviseurs de fréquence 4

Affichage multiplexé 6

Universal Asynchronous Receiver/Transmitter (UART) 11

Le port PS2 (clavier) 30

Le port PS2 (la souris) 42

Le port USB Universal Serial Bus (clavier et souris) 53

Le port USB –UART 56

Le Port VGA 59

Moteur à courant contenu 75

Afficheur LCD 96

Chapitre 1 : Diviseurs de fréquence

1.1. Diviseur de fréquence

On dispose d'une carte FPGA, on désir concevoir un générateur d'horloges qui fournit quatre signaux d'horloge ayant les fréquences suivantes : 1HZ, 100HZ, 1KZ, 1MZ.

Pour expliquer le principe des diviseurs de fréquence on traite un cas simple, par exemple on traite le cas d'un diviseur qui admet une horloge d'entrée clk_in et une horloge de sortie clk_out telle que clk_out = clk_in/2. Pour concevoir ce diviseur, l'idée est simple on calcule un nombre **P=clk_in/clk_out** ; dans notre cas P=2. clk_out doit changer d'état chaque **N=P/2** cycles (dans notre cas N=1) de clk_in. Soit alors ce simple code:

```
process (clk_in)
variable N : integer:=0;
variable k : std_logic:='0';
begin
if clk_in'event and clk_in='1' then
N:=N+1;
if (N = 1) then

K:= not k;
N:=0;
end if;
end if;
clk_out<=k;
end process;
```

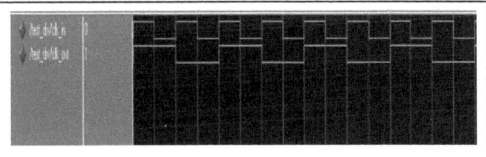

Figure 1. : clk_out=2*clk_in

Revenons à notre exercice, sachant que chaque FPGA a son propre horloge interne (H_0). Donc à partir de H_0 il est possible de créer n'importe quelle horloge de fréquence inférieure à H_0 comme montre la figure 2

Figure 2 : générateur d'horloges

On calcule alors :   N1 : H0/2H1 ; N2=H0/2H2 ; N3 : H0/3H1 ; N4=H0/2H4 ; sachant que

H0 = 50MHz on alors N1= 25000000; N2=250000, N3=25000, N4=25

Code VHDL du générateur d'horloges

```
library IEEE;
use IEEE.STD_LOGIC_1164.ALL;
use IEEE.STD_LOGIC_ARITH.ALL;
use IEEE.STD_LOGIC_UNSIGNED.ALL;
Entity diviseur is
Port (clk_in: in std_logic;
Clk1,clk2,clk3,ck4: out std_logic;
End entity;
Architecture arch of diviseur is
begin
process (clk_in)
variable N1,N2,N3,N4 : integer:=0;
variable k1,K2,k3,K4 : std_logic:='0';
begin
if clk_in'event and clk_in='1' then
N1:=N1+1;
N2:=N2+1;
N3:=N3+1;
N4:=N4+1;
if (N1 =25*10**6) then
K1:= not k1;
N1:=0;
end if;
if (N2 =25*10**4) then
K2:= not k2;
N2:=0;
end if;
if (N3 =25*10**3) then
K3:= not k3;
N3:=0;
end if;
if (N4 =25) then
K4:= not k4;
N4:=0;
end if;
end if;
clk<=k1;
clk2<=k2;
clk3<=k3;
clk4<=k4;
end process;
end arch;
```

Chapitre 2. Affichage multiplexé

Le but de l'affichage multiplexé est de réduire le nombre de fils de connexions. En fait, pour l'afficheur classique on aurait besoin de 23 fils et 3 transcodeurs binaire 7 segments pour afficher un nombre entre 0 et 999. Mais avec l'affichage multiplexé on en utilise uniquement un seul transcodeur binaire 7 segments et 13 fils : 1 cathode, 8 pour les quatre afficheurs + 4 pour les anodes. Pour cela on relie les anodes des segments a des 4 afficheurs ensembles puis les anodes des segments b et ainsi de suite. Alors que Les anodes de chaque afficheur sont commandées individuellement. Notre but et d'implémenter un compteur de 0 à 99 sur une carte FPGA. On souhaite aussi que l'affichage soit en décimal et que la fréquence de comptage soit égale 1Hz. L'idée de base pour l'affichage multiplexé et de commander les anodes des afficheurs pour activer un et seulement un afficheur. Sachant que la que le rafraichissement de l'œil est 25 Hz et puisque nous avons deux afficheurs on doit multiplier cette valeur par 2. Donc les anodes de deux afficheurs sont commandées par un signal de fréquence 50 Hz. Soit la solution proposée par la figure 3.

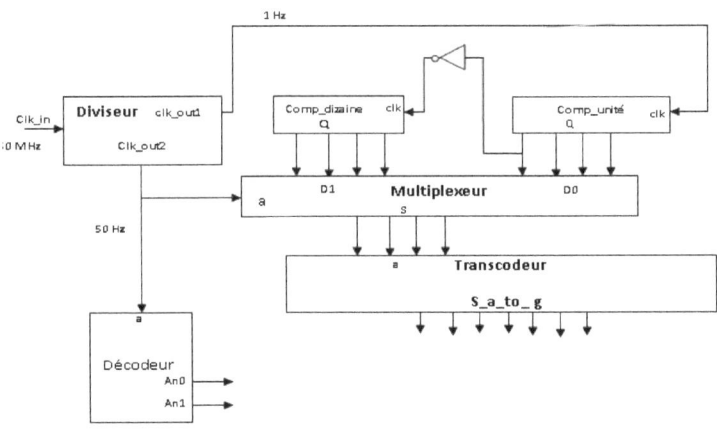

Figure 3 : Affichage multiplexé

Code VHDL du Diviseur

```
library ieee;
use ieee.std_logic_1164.all;
entity div is
port (clk_in : in std_logic;
clk_out1, clk_out2 : out std_logic);
end entity;
architecture arch of div is
begin
 process (clk_in)
 variable N1,N2 : integer:=0;
 variable k1,K2 : std_logic:='0';
 begin
 if clk_in'event and clk_in='1' then
 If (N1 = 25000000) then
 k1:=not k1;
 N1:=0;
 Else
 N1:=N1+1;
 end if;
 if (N2=500000) then
 k2:=not k2;
 N2:=0;
 Else
 N2:=N2+1;
 end if;
 end if;
 clk_out1<=k1;
 clk_out2<=k2;
 end process;
end arch;
```

Code VHDL du Compteur

```
library IEEE;
use IEEE.STD_LOGIC_1164.ALL;
use ieee.std_logic_unsigned.all;
 entity compteur is
   Port ( clk : in STD_LOGIC;
       raz : in STD_LOGIC;
       q : out STD_LOGIC_VECTOR (3 downto 0));
end compteur;
architecture Behavioral of compteur is
begin
process (clk,raz)
variable v: std_logic_vector ( 3 downto 0):="0000";
begin
if raz='1' then
v:="0000";
elsif clk'event and clk='1' then
if (v=1001) then
v:="0000";
else
v:=v+1;
end if;
end if;
q<=v;
end process;
end Behavioral
```

Code VHDL Inverseur

```
library IEEE;                              begin
use IEEE.STD_LOGIC_1164.ALL;               process (a)
entity invv is                             begin
   Port ( a : in STD_LOGIC;                b <= not a;
          b : out STD_LOGIC);              end process;
end invv;                                  end Behavioral
architecture Behavioral of invv is
```

Code VHDL du Transcodeur

```
library IEEE;                              when "0011"=>
use IEEE.STD_LOGIC_1164.ALL;                  S_a_to_g<="0000110";
entity trans is                            when "0100"=>
   Port ( a : in STD_LOGIC_VECTOR (3 downto 0);   S_a_to_g<="1001100";
          S_a_to_g: out STD_LOGIC_VECTOR (6 downto   when "0101"=>
          0));                                S_a_to_g<="0100100";
end trans;                                 when "0110"=>
                                              S_a_to_g<="0100000";
architecture Behavioral of trans is        when "0111"=>
                                              S_a_to_g<="0001111";
begin                                      when "1000"=>
process (a)                                   S_a_to_g<="0000000";
begin                                      when "1001"=>
case (a) is                                   S_a_to_g<="0000100";
when "0000" =>                             when others=>
   S_a_to_g<="0000001";                       S_a_to_g<="1111110";
when "0001"=>                              end case;
   S_a_to_g<="1001111";                    end process;
when "0010"=>                              end behavioral ;
   S_a_to_g<="0010010";
```

Code VHDL Multiplexeur

```
library IEEE;                              process (a)
use IEEE.STD_LOGIC_1164.ALL;               begin
entity mux is                              if a='0' then
   Port ( a : in STD_LOGIC;                   s<=d0;
          d0 : in STD_LOGIC_VECTOR (3 downto 0);   elsif a='1' then
          d1 : in STD_LOGIC_VECTOR (3 downto 0);   s<= d1;
          s : out STD_LOGIC_VECTOR (3 downto 0));  end if;
end mux;                                   end process;
architecture Behavioral of mux is          end Behavioral;

begin
```

Code VHDL Décodeur

```
library IEEE;                              begin
use IEEE.STD_LOGIC_1164.ALL;                  if a='0' then
entity decodeur is                               an0<='0';
    Port ( a : in STD_LOGIC;                     an1<='1';
           an0 : out STD_LOGIC;               elsif a='1' then
           an1 : out STD_LOGIC);                 an0<='1';
end decodeur;                                    an1<='0';
architecture Behavioral of decodeur is        end if;
begin                                      end process;
process (a)                                end Behavioral
```

Code de Circuit global

```
library IEEE;                                    d1 : in STD_LOGIC_VECTOR (3 downto 0);
use IEEE.STD_LOGIC_1164.ALL;                     s : out STD_LOGIC_VECTOR (3 downto 0));
                                              end component;
entity affichage is                           component trans is
    Port ( clk : in STD_LOGIC;                   Port ( a : in STD_LOGIC_VECTOR (3 downto 0);
           S_a_to_g : out STD_LOGIC_VECTOR (6 downto 0);    S_a_to_g : out STD_LOGIC_VECTOR (6 downto
           An0,An1,An2,AN3 : out STD_LOGIC;     0));
           raz : in STD_LOGIC);              end component;
end affichage;                                component decodeur is
                                                 Port ( a : in STD_LOGIC;
architecture Behavioral of affichage is                 an0 : out STD_LOGIC;
                                                        an1 : out STD_LOGIC);
component compteur is                         end component;
    Port ( clk : in STD_LOGIC;
           raz : in STD_LOGIC;                signal sclk1, sclk2, ccl: std_logic;
           q : out STD_LOGIC_VECTOR (3 downto 0));  signal s1, s2, s3 : std_logic_vector (3 downto 0);
end component;                                begin
component div is                              diviseur: div port map (clk,sclk1,sclk2);
port (clk_in : in std_logic;                  compunité: compteur port map (sclk1,raz,s1);
      clk_out1, clk_out2 : out std_logic);    inver:invv port map (s1(3),ss1);
end component;                                compdizaine: compteur port map (ssl,raz,s2);
component invv is                             muxx: mux port map (sclk2,s1,s2,s3);
    Port ( a : in STD_LOGIC;                  transco: trans port map(s3, S_a_to_g);
           b : out STD_LOGIC);                deco: decodeur port map (sclk2,an0,an1);
end component;                                AN2<='1';
component mux is                              AN3<='1';
    Port ( a : in STD_LOGIC;                  end Behavioral;
           d0 : in STD_LOGIC_VECTOR (3 downto 0);
```

Chapitre 3 : Universal Asynchronous Receiver/Transmitter (UART)

La communication série exige deux signaux TX pour la transmission et RX pour la réception. Un câble série standard de 9 bits est souvent utilisé pour transmettre et recevoir les données. Ce câble est connecté des deux cotés, émetteur/récepteur, aux ports RS232. Ce câble très simple à réaliser broche à broche. Il est équipé soit d'une prise mâle et une prise femelle ou une deux prises mâles ou deux prises femelles. Les broches du câble série sont : RxD : received data ; TxD : transmitted data ; RTS : request to send ;CTS : clear to send ; DCD : data carrier detect ; DTR : data terminal ready ; DSR: data set ready

Pour établir une communication effective via RS-232, il est nécessaire de définir le protocole utilisé : notamment, le débit de la transmission, le codage utilisé, le découpage en trame, etc. La norme RS-232 laisse ces points libres, mais en pratique on utilise souvent des UART qui découpent le flux en trames d'un caractère ainsi constituées :

- 1 bit de départ ;
- 7 à 8 bit de données ;
- 1 bit de parité optionnel ;
- 1 ou plusieurs bits d'arrêt.

Le bit de départ a un niveau logique "0" tandis que le bit d'arrêt est de niveau logique "1". Le bit de donnée de poids faible est envoyé en premier suivi des autres.

3.1. UART émetteur

On désir utiliser un câble série pour émettre une information binaire d'un FPGA vers le PC. Sachant que l'information binaire est codée sur 10 bits : 8 bits de données un bit de **START** tat un bit de **STOP** et que le débit de la transmission est 9600 bauds.

Solution 1

Selon cette solution l'émetteur UART comprend un registre à décalage, une machine d'état, un compteur et un diviseur de fréquence. L'appui sur un bouton appelé "go" charge la donnée dans le registre et déclenche la transmission. L'architecture de l'UART émetteur et donnée pas la figure 4

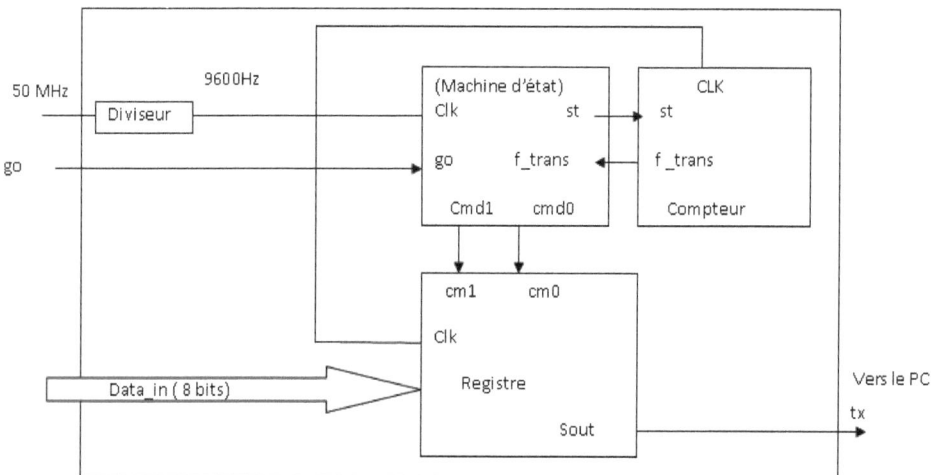

Figure 4 : UART émetteur

Code VHDL de l'UART émetteur

```
library IEEE;
use IEEE.STD_LOGIC_1164.ALL;
use IEEE.STD_LOGIC_ARITH.ALL;
use IEEE.STD_LOGIC_UNSIGNED.ALL;

entity global_uart is
  Port ( clk : in STD_LOGIC;
         din : in STD_LOGIC_VECTOR (7 downto 0);
         go : in STD_LOGIC;
         sout : out STD_LOGIC);
end global_uart;

architecture Behavioral of global_uart is

component comp_10 is
  Port ( clk : in STD_LOGIC;
         st : in STD_LOGIC;
         f_tran : out STD_LOGIC);
end component;
component regis is
  Port ( din : in STD_LOGIC_VECTOR (7 downto 0);
         cm : in STD_LOGIC_VECTOR (1 downto 0);
         sout : out STD_LOGIC;
         clk : in std_logic);
end component;
component fsm is
  Port ( clk, go : in STD_LOGIC;
         f_tran : in STD_LOGIC;
         st : out STD_LOGIC;
         cmd : out STD_LOGIC_VECTOR (1 downto 0));
end component;
component diviseur is
  Port ( clk : in STD_LOGIC;
         clk_out : out STD_LOGIC);
end component;
signal scmd: std_logic_vector(1 downto 0);
signal sclk, sst, sf_tran: std_logic;
begin
u1: diviseur port map(clk=>clk,clk_out=>sclk);
u2: fsm port map
(clk=>sclk,go=>go,f_tran=>sf_tran,st=>sst,cmd=>scmd);
u3: comp_10 port map
(clk=>sclk,st=>sst,f_tran=>sf_tran);
u4: regis port map
(din=>din,cm=>scmd,sout=>sout,clk=>sclk);
end Behavioral;
```

Le diviseur : le diviseur adapte la fréquence de l' FPGA (dans ce cas 50 Mhz) à la vitesse de transmission qui est de 9600 bauds (bits par secondes)

Code VHDL du diviseur

```
library IEEE;
use IEEE.STD_LOGIC_1164.ALL;
use IEEE.STD_LOGIC_ARITH.ALL;
use IEEE.STD_LOGIC_UNSIGNED.ALL;
entity diviseur is
  Port ( clk : in STD_LOGIC;
         clk_out : out STD_LOGIC);
end diviseur ;
architecture Behavioral of diviseur is
begin
process (clk)
variable v: integer :=0;
variable k: std_logic:='0';
begin
if clk'event and clk='1' then
  if (v = 2604) then
    k:= not k;
    v:=0;
  else
    v:=v+1;
  end if;
end if;
clk_out<=k;
end process;
end Behavioral;
```

Le registre : La donnée parallèle à envoyer se trouve sur le bus *data* composé de 8 bits. Pour pouvoir émettre une première valeur, il faut en premier lieu charger la valeur de *data* en rajoutant les bits de Start et de Stop propres à la liaison série. Le fonctionnement de registre est donné par le tableau 1

Cm1	Cm0	Tâche réalisée
0	0	Repos
0	1	Réception de donnée sur (8 bits) +Ajout de bit START+ STOP
1	0	Mémorise les données
1	1	Décalage de 1 bit vers la droite de l'information

Tableau 1 : Tachés réalésées par le registre

Code VHDL de registre

```
library IEEE;
use IEEE.STD_LOGIC_1164.ALL;
use IEEE.STD_LOGIC_ARITH.ALL;
use IEEE.STD_LOGIC_UNSIGNED.ALL;
entity regis is
    Port ( din : in  STD_LOGIC_VECTOR (7 downto 0);
           cm : in  STD_LOGIC_VECTOR (1 downto 0);
           sout : out  STD_LOGIC;
    clk: in std_logic);
end regis;
architecture Behavioral of regis is
begin
process (clk)
variable regis: std_logic_vector (9 downto 0):="1111111111";
begin
if clk'event and clk='1' then
case cm is
    when "00" =>
        regis:=(others=>'1');
    when "01"=>
        regis:='1'& din & '0';
    when "10" =>
        regis:= regis;
    when "11" =>
        sout<=regis(0);
        regis := '1'& regis(9 downto 1);
    when others =>
        regis:=(others=>'1');
end case;
end if;
end process;
end Behavioral;
```

Machine d'état : La partie contrôle s'effectue grâce à une machine d'états. La machine commande à la fois le compteur par sa sortie S et le registre à décalage par sa sortie Y, figure 5.

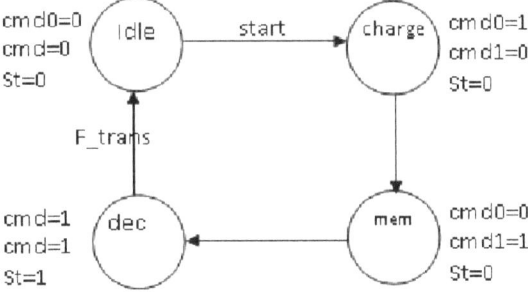

Figure 5 : Machine d'états

Idle : Durant cet état la sortie **cmd** vaut "00" donc le registre à décalage est au repos, la sortie Tx est à l'état haut. Le module attend le signal Start pour passer à l'état suivant

charge : Durant cet état, la sortie **cmd** de la machine vaut "01" ceci permet au registre de recevoir les donnée sur 8 bit et ajouter le bit START et le bit STOP

mem : Durant cet état, la sortie **cmd** de la machine vaut "10" ceci permet au registre de mémoriser la donnée

Dec : la sortie **cmd** vaut "11" donc à chaque front d'horloge le registre décale l'information vers la droite de 1 bit. . Si tous les bits sont transmis, la machine d'état retourne dans l'état *idle*

Code VHDL de la machine d'état

```vhdl
library IEEE;
use IEEE.STD_LOGIC_1164.ALL;
use IEEE.STD_LOGIC_ARITH.ALL;
use IEEE.STD_LOGIC_UNSIGNED.ALL;

entity fsm is
    Port ( clk,go : in STD_LOGIC;
           f_tran : in STD_LOGIC;
           st : out STD_LOGIC;
           cmd : out STD_LOGIC_VECTOR (1 downto 0));
end fsm;
architecture Behavioral of fsm is
type state is (idle, charge, mem, dec);
signal op:state:=idle;
signal os: state;
begin
process (clk)
begin
if clk'event and clk='1' then
    case ep is
        when idle =>
            cmd<="00";
            st<='0';
            if go ='1' then
                es<=charge;
            elsif go='0' then
                es<=idle;
            end if;
        when charge =>
            cmd<="01";
            st<='0';
            es<=mem;
        when mem =>
            cmd<="10";
            os<=dec;
            st<='0';
        when dec =>
            cmd<="11";
            st<='1';
            if f_tran='1' then
                es<=idle;
            elsif f_tran='0' then
                es<=dec;
            end if;
        end case.
    end if;
    ep<=es;
end process;
end Behavioral;
```

Compteur

Puisque le registre a besoin de 10 front d'horloge pour décaler l'information un compteur modulo 10 devrait être ajouté, ce compteur est activé au début de transmission, son rôle est d'informer la machine par son bit "F_trans". En fait le bit "F_trans" passe au niveau haut décalage des 10 bits de l'information.

Code VHDL du compteur

```
library IEEE;
use IEEE.STD_LOGIC_1164.ALL;
use IEEE.STD_LOGIC_ARITH.ALL;
use IEEE.STD_LOGIC_UNSIGNED.ALL;
entity comp_10 is
    Port ( clk : in  STD_LOGIC;
           st : in  STD_LOGIC;
           f_tran : out  STD_LOGIC);
end comp_10;
architecture Behavioral of comp_10 is
begin
process (clk,st)
variable v: integer :=0;
begin
if st='0' then
```

```
v:=0;
f_tran<='0';
elsif st='1' then
if clk'event and clk='1' then
if (v=10) then
f_tran<='1';
v:=0;
else
v:=v+1;
f_tran<='0';
end if;
end if;
end if;
end process;
end Behavioral;
```

Solution 2 : cette solution est plus simple et moins compliquée. Cette solution est basée sur un registre à décalage et un diviseur de fréquence ; figure 6.

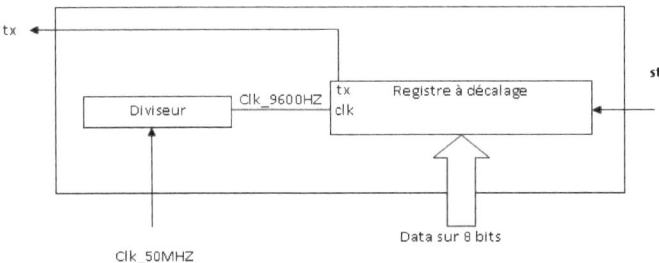

Figure 6 : UART émetteur (solution 2)

Code VHDL golobal_uart

```vhdl
library IEEE;
use IEEE.STD_LOGIC_1164.ALL;
use IEEE.STD_LOGIC_ARITH.ALL;
use IEEE.STD_LOGIC_UNSIGNED.ALL;
entity urat_tx_global is
    Port ( clk_50,st : in  STD_LOGIC;
           data : in STD_LOGIC_vector (7 downto 0);
           tx : out STD_LOGIC);
end urat_tx_global;
architecture Behavioral of urat_tx_global is
component diviseur is
    Port ( clk_in : in STD_LOGIC;
           clk_out : out STD_LOGIC);
end component;
component registre is
    port(clk,st: in std_logic;
         data: in std_logic_vector (7 downto 0);
         tx: out std_logic);
end component;

signal sclk: std_logic;
begin
u1: diviseur port map(clk_50,sclk);
u2: registre port map (sclk,st, data,tx);
end Behavioral;
```

Code VHDL de diviseur

```vhdl
library IEEE;
use IEEE.STD_LOGIC_1164.ALL;

entity diviseur is
    Port ( clk_in : in STD_LOGIC;
           clk_out : out STD_LOGIC);
end diviseur;

architecture Behavioral of diviseur is

begin
process (clk_in)
variable v: integer:=0;
variable k: std_logic:='0';
begin
if clk_in'event and clk_in='1' then
    if (v=2604) then
        k:= not k;
        v:=0;
    else
        v:=v+1;
    end if;
end if;
clk_out<=k;
end process;
end Behavioral;
```

Code VHDL de registre

```vhdl
library ieee;
use ieee.std_logic_1164.all;
entity registre_tx is
    port(clk,st: in std_logic;
         data: in std_logic_vector (7 downto 0);
         tx: out std_logic);
end entity;

architecture arch of registre_tx is
signal sst: std_logic;
begin
process (clk)
variable reg: std_logic_vector (1 downto 0):="00";
begin
if clk'event and clk='1' then
```

```
reg:=st & reg(1);                          tx<=v(0);
end if;                                    v:='1' & v(9 downto 1);
sst<=reg(1) and (not reg(0));              i:=i+1;
end process;                               if (i=10) then
    process (clk,sst)                        i:=0;
    variable v: std_logic_vector ( 9 downto 0);   v:=(others =>'1');
    variable i,memo: integer:=0;             memo:=0;
    begin                                    end if;
    if (sst='1' and memo= 0) then            end if;
        memo:=l;                             end process;
v:='1' & data & '0';                       end arch;
    elsif ((clk'event and clk='1') and (memo =1)) then
```

3.2. UART récepteur

On désir cette fois utiliser un câble série pour envoyer une information binaire d'un PC vers la carte FPGA. De la même manière l'information binaire est codée sur 10 bits : 8 bits de données un bit de **START** tat un bit de **STOP** et que le débit de la transmission est 9600 bauds. La figure 7 montre l'architecture proposée. L'architecture est composée par un registre à décalage et un diviseur de fréquence. Le registre dispose d'un variable de mémorisation "**memo**" qui passe à '1' dé-que rx='0' (bit START). Après 10 fronts d'horloge le registre met la donné sur 8 bits sur la buse "DATA " et initialise "memo" à zéro.

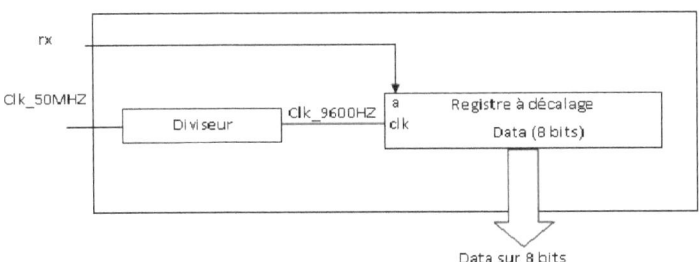

Figure 7 : UART_ récepteur

Code VHDL UART récepteur

```vhdl
library IEEE;
use IEEE.STD_LOGIC_1164.ALL;
entity uart_rx is
port (clk,rx: in std_logic;
    data : out std_logic_vector (7 downto 0));
end entity;
architecture arch of uart_rx is
component  diviseur is
  Port ( clk_in : in  STD_LOGIC;
       clk_out : out  STD_LOGIC);
end component
```

```vhdl
component registre is
port(clk,a: in std_logic;
    s: out std_logic_vector (7 downto 0));
end component;
signal ssclk: std_logic;
begin
   div: diviseur port map (clk,ssclk);
   regi: registre port map(ssclk,rx, data);
end arch;
```

Code VHDL du registre

```vhdl
library ieee;
use ieee.std_logic_1164. all;
  entity registre is
    port(clk,a: in std_logic;
      s: out std_logic_vector ( 7 downto 0));
    end entity;
    architecture arch of registre is

  begin
    process (clk)
    variable v: std_logic_vector ( 9 downto 0);
    variable i,memo: integer:=0;
    begin
      if a='0' and memo= 0 then
      memo :=1;
```

```vhdl
elsif ((clk'event and clk='1') and (memo =1)) then
    v:=a & v(9 downto 1);
    i:=i+1;
    if (i=10) then
      i:=0;
      s<= v ( 8 downto 1);
      v:="ZZZZZZZZZZ";
      memo:=0;
    end if;
  end if;
  end process;
end arch;
```

Code VHDL du diviseur

```vhdl
library IEEE;
use IEEE.STD_LOGIC_1164.ALL;

entity diviseur is
  Port ( clk_in : in  STD_LOGIC;
       clk_out : out  STD_LOGIC);
end diviseur;

architecture Behavioral of diviseur is

begin
process (clk_in)
variable v: integer:=0;
variable k: std_logic:='0';
```

```vhdl
begin
if clk_in'event and clk_in='1' then
if (v=2604) then
k:= not k;
v:=0;
else
v:v+1;
end if;
end if;
clk_out<=k;
end process;
end Behavioral;
```

Exercice 1 : dans cet exercice on désire recevoir à partir du PC uniquement N caractères. Avec N un nombre fixé par l'utilisateur. Donc notre exemple N varie de 0 à 15. La figure 8 montre la solution proposée. La solution est basée sur une UART_ récepteur, un block de contrôle et port OU. Le rôle du block de contrôle est de mettre sa sortie T à '1' dé-que le nombre de caractères reçus vaut N d'où le blocage de l'horloge.

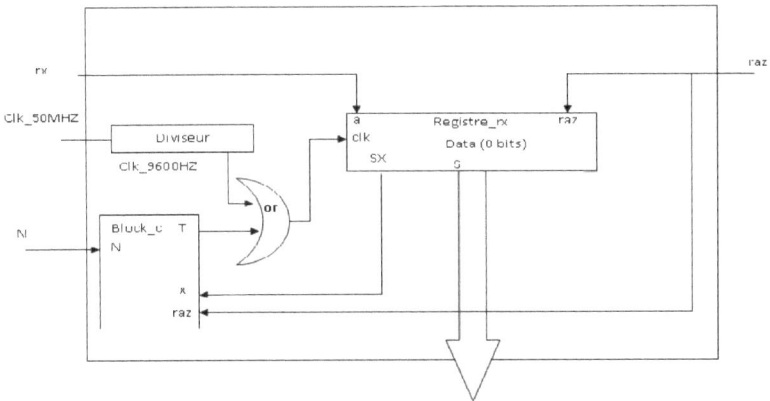

Figure 8 : Solution proposée

Code VHDL du registre_rx

```
library ieee;
use ieee.std_logic_1164.all;
use ieee.std_logic_unsigned.all;
  entity registre_rx is
    port(clk,a,raz: in std_logic;
      s: out std_logic_vector (7 downto 0);
  sx: out std_logic_vector(3 downto 0));
    end entity;
    architecture arch of registre_rx is

    begin
      process (clk)
      variable v: std_logic_vector ( 9 downto 0);
      variable i,memo: integer:=0;
                            variable  x:
std_logic_vector( 3 downto 0):=(others=>'0');
begin
if raz='1' then
  x:=(others=>'0');
      s<=(others=>'0');
    elsif a='0' and memo = 0 then
        memo:=1;
    elsif ((clk'event and clk='1') and (memo =1)) then
        v:=a & v(9 downto 1);
        i:=i+1;
        if (i=10) then
          i:=0;
          x:=x+1;
          s<= v ( 8 downto 1);
          v:="ZZZZZZZZZZ";
          memo:=0;
        end if;
      sx<=x;
    end process;
    end arch;
```

Code VHDL de block_c

```vhdl
library IEEE;
use IEEE.STD_LOGIC_1164.ALL;
use IEEE.STD_LOGIC_ARITH.ALL;
use IEEE.STD_LOGIC_UNSIGNED.ALL;
entity block_c is
   Port ( N : in STD_LOGIC_VECTOR (3 downto 0);
          x : in STD_LOGIC_VECTOR (3 downto 0) ;
                      raz: in std_logic;
          t : out STD_LOGIC);
end block_c;
architecture Behavioral of block_c is
begin
process(N)
begin
if raz='1' then
   t <='0';
elsif (x=N) then
   t <='1';
else
   t <='0';
end if;
end process;

end Behavioral;
```

Code VHDL du port or_2

```vhdl
library IEEE;
use IEEE.STD_LOGIC_1164.ALL;
use IEEE.STD_LOGIC_ARITH.ALL;
use IEEE.STD_LOGIC_UNSIGNED.ALL;
entity or_2 is
   Port ( a : in STD_LOGIC;
          b : in STD_LOGIC;
          s : out STD_LOGIC);
end or_2;

architecture Behavioral of or_2 is
begin
process(a,b)
begin
s<= a or b;
end process;
end Behavioral;
```

Code VHDL de diviseur

```vhdl
library IEEE;
use IEEE.STD_LOGIC_1164.ALL;
entity diviseur is
    Port ( clk_in : in STD_LOGIC;
           clk_out : out STD_LOGIC);
end diviseur;
architecture Behavioral of diviseur is
begin
process (clk_in)
variable v: integer :=0;
variable k: std_logic :='0';
begin
    if clk_in'event and clk_in='1' then
        if (v=2604) then
            k:= not k;
            v:=0;
        else
            v:=v+1;
        end if;
    end if;
    clk_out <=k;
end process;
end Behavioral;
```

Code VHDL du circuit global

```vhdl
library IEEE;
use IEEE.STD_LOGIC_1164.ALL;
entity circuit is
port (clk,rx,raz: in std_logic;
    N : in STD_LOGIC_VECTOR (3 downto 0);
    data : out std_logic_vector (7 downto 0));
end entity;
architecture arch of circuit is
component diviseur is
    Port ( clk_in : in STD_LOGIC;
           clk_out : out STD_LOGIC);
end component;
component registre_rx is
    port(clk,a,raz: in std_logic;
    s: out std_logic_vector (7 downto 0);
    sx: out std_logic_vector( 3 downto 0));
end component;
component or_2 is
    Port ( a : in STD_LOGIC;
           b : in STD_LOGIC;
           s : out STD_LOGIC);
end component;
component block_c is
    Port ( N : in STD_LOGIC_VECTOR (3 downto 0);
           x : in STD_LOGIC_VECTOR (3 downto 0);
           raz: in std_logic;
           t : out STD_LOGIC);
end component;
signal sclk,ssclk,st: std_logic;
signal sx : STD_LOGIC_VECTOR (3 downto 0);
begin
u1: diviseur port map (clk,sclk);
u2: registre_rx port map(ssclk,rx,raz,data,sx);
u3: block_c port map (N,sx,raz,st);
u4: or_2 port map (st,sclk,ssclk);
end arch;
```

Exercice 2 : on désire envoyer un texte caractère par caractère du PC vers l'FPGA. L'FPGA ploque la réception dé- qu'elle reçoit un caractère dont son code ASCI est introduit par l'utilisateur.

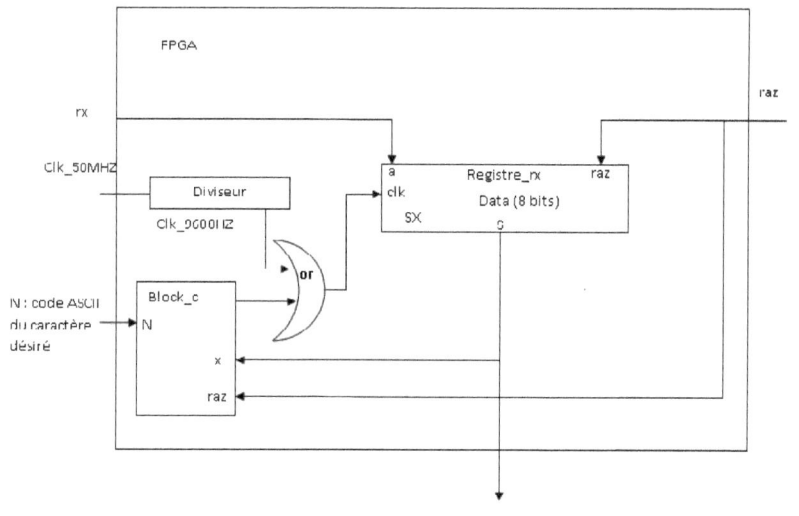

Figure 4 : Solution proposée

Code VHDL du diviseur

```
library IEEE;
use IEEE.STD_LOGIC_1164.ALL;
entity diviseur is
    Port ( clk_in : in STD_LOGIC;
           clk_out : out STD_LOGIC);
end diviseur;
architecture Behavioral of diviseur is
begin
process (clk_in)
variable v: integer :=0;
variable k: std_logic:='0';
begin
    if clk_in'event and clk_in='1' then
        if (v=2604) then
            k:= not k;
            v:=0;
        else
            v:=v+1;
        end if;
    end if;
    clk_out<=k;
end process;
end Behavioral ;
```

Code VHDL de registre

```
library ieee;
use ieee.std_logic_1164.all;
use ieee.std_logic_unsigned.all;
    entity registre_rx is
        port(clk,a,raz: in std_logic;
        s: out std_logic_vector (7 downto 0));
        end entity;
    architecture arch of registre_rx is
        begin
        process (clk)
        variable v: std_logic_vector ( 9 downto 0);
        variable i,memo: integer :=0;
        begin
        if raz='1' then
        s<=(others=>'0');
            elsif a='0' and memo= 0 then
                memo :=1;
            elsif ((clk'event and clk='1') and (memo =1))
            then
                v :=a & v(9 downto 1);
                i :=i+1;
                if (i=10) then
                    i :=0;
                    s <= v ( 8 downto 1);
                    v :="ZZZZZZZZZZ";
                    memo :=0;
                end if;
            end if;
        end process;
    end arch;
```

Code VHDL du bloc_c

```
library IEEE;
use IEEE.STD_LOGIC_1164.ALL;
use IEEE.STD_LOGIC_ARITH.ALL;
use IEEE.STD_LOGIC_UNSIGNED.ALL;
entity block_c is
    Port ( N: in STD_LOGIC_VECTOR (7 downto 0);
        x : in STD_LOGIC_VECTOR (7 downto 0);
    raz: in std_logic;
        t : out STD_LOGIC);
end block_c;
architecture Behavioral of block_c is
begin
    process(N)
    begin
    if raz='1' then
    t<='0';
    elsif (x=N) then
    t<='1';
    else
    t<='0';
    end if;
    end process;
    end Behavioral;
```

Code VHDL du porte OU

```
library IEEE;
use IEEE.STD_LOGIC_1164.ALL;
use IEEE.STD_LOGIC_ARITH.ALL;
use IEEE.STD_LOGIC_UNSIGNED.ALL;
entity or_2 is
    Port ( a : in STD_LOGIC;
        b : in STD_LOGIC;
        s : out STD_LOGIC);
end or_2;
architecture Behavioral of or_2 is
begin
process(a,b)
begin
s<= a or b;
end process;
end Behavioral
```

Code VHDL du circuit globale

```
library IEEE;
use IEEE.STD_LOGIC_1164.ALL;
entity circuit is
port (clk,rx,raz: in std_logic;
    N : in STD_LOGIC_VECTOR (7 downto 0);
    data : out std_logic_vector (7 downto 0));
end entity;
architecture arch of circuit is
component diviseur is
    Port ( clk_in : in STD_LOGIC;
        clk_out : out STD_LOGIC);
end component;
component registre_rx is
    port(clk,a,raz: in std_logic;
        s: out std_logic_vector ( 7 downto 0));
    end component;
component or_2 is
    Port ( a : in STD_LOGIC;
        b : in STD_LOGIC;
        s : out STD_LOGIC);
end component;
component block_c is
    Port ( N : in STD_LOGIC_VECTOR (7 downto 0);
        x : in STD_LOGIC_VECTOR (7 downto 0) ;
        raz: in std_logic;
        t : out STD_LOGIC);
end component;
signal sclk,ssclk,st: std_logic;
signal sx : STD_LOGIC_VECTOR (7 downto 0);
begin
u1: diviseur port map (clk,sclk);
u2: registre_rx port map(ssclk,rx,raz,sx);
u3: block_c port map (N,sx,raz,st);
u4: or_2 port map (st,sclk,ssclk);
data <=sx;
end arch;
```

Exercice 3 : on désire effectuer une communication complète (émission & réception) entre l'FPGA et le PC à travers un câble série. Actuellement, dans plupart des FPGA, les broches RTS, CTS du port RS232 sont liées aussi bien que les broches DCR, DTR et DSR, figure 9. D'ici on ne peut pas bénéficier d'un protocole rendez-vous " **handshake** ". Par conséquence on peut uniquement envoyer et recevoir des données à travers TxD et RxD sans bénéficier des signaux de contrôles.

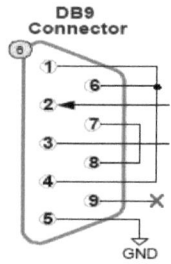

Figure 9 : port RS-232 du spartan 3

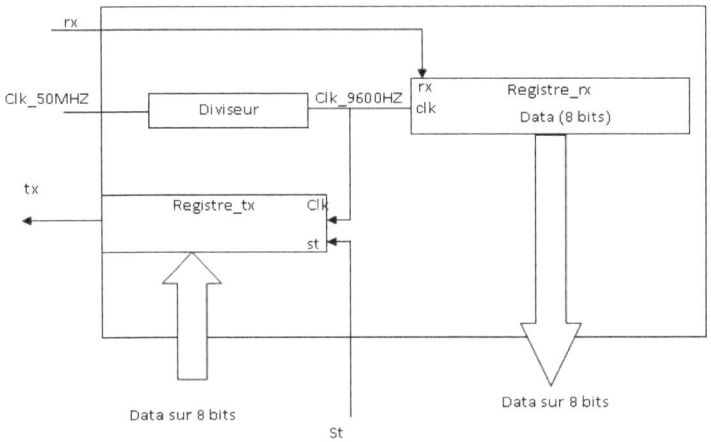

Figure 5 : Solution proposée

Circuit globale

```
library IEEE;
use IEEE.STD_LOGIC_1164.ALL;
use IEEE.STD_LOGIC_ARITH.ALL;
use IEEE.STD_LOGIC_UNSIGNED.ALL;
entity urat_tx_rx_global is
    Port ( clk_50,st,rx : in STD_LOGIC;
        data : in STD_LOGIC_vector (7 downto 0);
        tx : out STD_LOGIC;
    s: out std_logic_vector( 7 downto 0));
end urat_tx_rx_global;

architecture Behavioral of urat_tx_rx_global is
component diviseur is
    Port ( clk_in : in STD_LOGIC;
        clk_out : out STD_LOGIC);
end component;

component registre_tx is
    port(clk,st: in std_logic;
        data: in std_logic_vector ( 7 downto 0);
        tx: out std_logic);
    end component;
component registre_rx is
    port(clk,rx: in std_logic;
        s: out std_logic_vector ( 7 downto 0));
    end component;
signal sclk: std_logic;
begin
u1: diviseur port map(clk_50,sclk);
u2: registre_tx port map (sclk,st, data,tx);
u3:registre_rx port map(sclk,rx,s);
end Behavioral;
```

Diviseur

```
library IEEE;
use IEEE.STD_LOGIC_1164.ALL;

entity diviseur is
    Port ( clk_in : in STD_LOGIC;
        clk_out : out STD_LOGIC);
end diviseur;
architecture Behavioral of diviseur is
begin
process (clk_in)
```

```vhdl
variable v: integer:=0;
variable k: std_logic:='0';
begin
if clk_in'event and clk_in='1' then
if (v= 2604)) then
k:= not k;
v:=0;
    else
    v:=v+1;
    end if;
end if;
clk_out<=k;
end process;
end Behavioral ;
```

Registre RX

```vhdl
library ieee;
use ieee. std_logic_1164. all;
  entity registre_rx is
    port(clk,rx: in std_logic;
      s: out std_logic_vector ( 7 downto 0));
    end entity;
    architecture arch of registre_rx is
      begin
      process (clk)
      variable v: std_logic_vector ( 9 downto 0);
      variable i,memo: integer:=0;
      begin
        if rx='0' and memo= 0 then
        memo:=1;
        elsif ((clk'event and clk='1') and (memo =1)) then
          v:=rx & v(9 downto 1);
          i:=i+1;
          if (i=10) then
            i:=0;
            s<= v ( 8 downto 1);
            v:="ZZZZZZZZZZ";
            memo:=0;
          end if;
        end if;
      end process;
    end arch;
```

Registre TX

```vhdl
library ieee;
use ieee. std_logic_1164. all;
  entity registre_tx is
    port(clk,st: in std_logic;
      data: in std_logic_vector ( 7 downto 0);
tx: out std_logic);
   end entity;
    architecture arch of registre_tx is
    signal sst: std_logic;
    begin
 process (clk)
 variable reg: std_logic_vector (1 downto 0):="00";
 begin
 if clk'event and clk='1' then
 reg:=st & reg(1);
 end if;
 sst<=reg(1) and (not reg(0));
 end process;
    process (clk,sst)
    variable v: std_logic_vector ( 9 downto 0);
    variable i,memo: integer:=0;
    begin
      if (sst='1' and memo= 0) then
        memo:=1;
v:='1' & data & '0';
      elsif ((clk'event and clk='1') and (memo =1)) then
        tx<=v(0);
        v:='1' & v(9 downto 1);
        i:=i+1;
        if (i=10) then
          i:=0;
          v:=(others =>'1');
        memo:=0;
        end if;
      end if;
    end process;
  end arch;
```

Chapitre 4 : Le port PS2 (clavier)

Typiquement le port PS/2, figure 11, est connecté soit au à un clavier ou à une sourie. Les broches de donnée (broche 1) et d'horloge (broche 5) sont connectées aux PS/2D et PS/2C de l'FPGA en respectant le fichier UCF. Une fois le port PS/2 est installé entre l'FPGA et un dispositif (exemple le clavier), ce dernier génère un signal d'horloge varie entre 10 à 16,7 KHZ. A chaque front d'horloge les donné sont envoyés bit par bit vers l'FPGA. La taille d'information émise par le dispositif est 11 bits, figure 12 ; 1 bit de START + 8 bits de donnée + 1 bit de parité+ 1 STOP. A l'état de repos PS/2D et PS2/C sont au niveau haut.

Le Port PS/2
    Broche 1 : Données,
    Broche 2 : non utilisé
    Broche 3 : 0V (référentiel
    Broche 4 : + 5V,
    Broche 5 : Horloge,
    Broche 6 : non utilisé

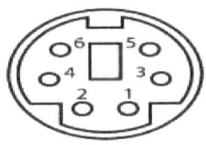

Figure 6 : Le port PS2

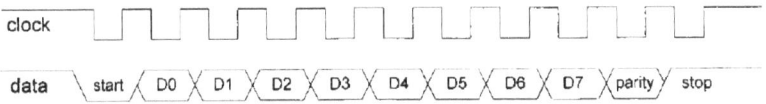

Figure 7 : Signaux d'horloge et de données

Dans un clavier PS/2 lorsque une touche est appuyée son MAKE SCAN code de taille 8 bits sera envoyer vers le port PS/2. Ensuite lorsque on relâche la touche un autre code appelé

BREAK SCAN code de taille 16 bits sera envoyer vers le port PS/2. En fait, pour toutes les lettres et les chiffres le MAKE code est codé sur un octet alors que le BREAK code est codé sur deux octets le même MAKE code précédé par la F0. Donc en totalité il faut 33 fronts d'horloge (8 bits pour Make code+ 16 bit break code + 3 bits stop + 3 bits starts+ 3 bits de parité). Dans notre exemple, nous allons seulement lire les données à partir du clavier. Par conséquent, nous n'avons pas besoin d'ajouter des composants logiques à savoir des inverseurs trois états. Cependant, nous avons besoin de filtrer les signaux d'horloge (PS2clokc) et de données (PS2 data) provenant du clavier et. En fait les signaux envoyés par le clavier peuvent être confus. Par exemple la figure 13 montre MAKE Scan Code pour la touche "Q" (15h) envoyée par un clavier à l'ordinateur. La voie A est le signal d'horloge ; La voie B est le signal de données.

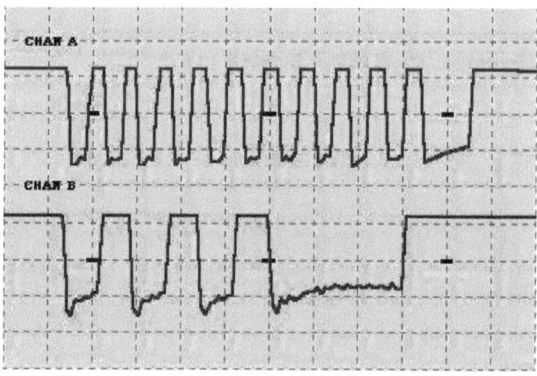

Figure 8 : make scan code + signal d'horloge

On désir concevoir une application sur un FPGA permettant de recevoir le SACN code de la touche appuyée. En plus, cette application admettant une entrée de contrôle Adr. Le principe de fonctionnement de l'application est le suivant :

Adr	Tâche réalisée
0	Affichage de BREAK SCAN code sue les LED
1	Affichage de l'octet haut de MAKE SCAN code sue les LED

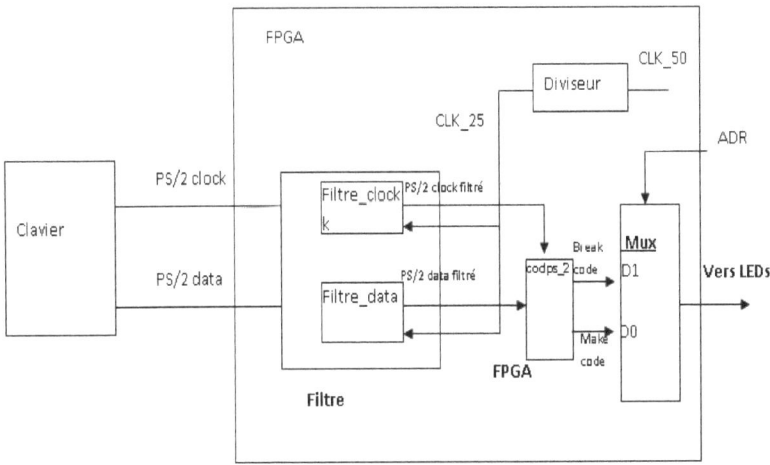

Figure 9 : Solution proposée

Solution 1 : cette solution est basée sur deux filtres. En fait, dans la figure 14 chaque circuit de filtrage est composé d'un registre à décalage 8 bits à chaque front montant de CLK_25 chaque registre sauvegarde la valeur de PS/2 data et PS/2 clock. Ensuit chaque registre renvoie un '1' ou '0' lorsque huit consécutives 1 ou 0 sont reçus.

Code VHDL de diviseur

```vhdl
library IEEE;
use IEEE.STD_LOGIC_1164.all;
use IEEE.STD_LOGIC_unsigned.all;
entity diviseur is
  port (clkin: in std_logic;
    clkout : out std_logic);
end entity;
architecture arch of diviseur is
begin
  process (clkin)
  variable N : integer:=0;
  variable p : std_logic:='0';
  begin
    If clkin'event and clkin='1' then
      N:=N+1;
      if (N=1) then
        p:= not p;
        N:=0;
      end if;
    end if;
    clkout<=p;
  end process;
end arch
```

Code VHDL des filtres

```vhdl
library IEEE;
use IEEE.STD_LOGIC_1164.all;
entity filtre is
  port (clk_25,clr,ps2_clock,ps2_data: in std_logic;
    signal ps2cf,ps2df: out std_logic);
end entity;
architecture arch of filtre is
signal filtre_clock,filtre_data:std_logic_vector ( 7 downto 0):=(others=>'0');
begin
  process (clk_25)
  begin
    if clr='1' then
      filtre_clock<=(others =>'0');
      filtre_data<=(others =>'0');
      ps2df<='1';
      ps2df<='1';
    elsif clk_25'event and clk_25='1' then
      filtre_clock<=ps2_clock&filtre_clock (7 downto 1);
      filtre_data<=ps2_data&filtre_data (7 downto 1);
      if filtre_clock=X"FF" then
        ps2cf<='1';
      else
        ps2cf<='0';
      end if;
      if filtre_data=X"FF" then
        ps2df<='1';
      else
        ps2df<='0';
      end if;
    end if;
  end process;
end arch;
```

Code VHDL de codps2

```
library IEEE;
use IEEE.STD_LOGIC_1164.all;
entity codps_2 is
port(
PS2Cf,clr : in STD_LOGIC;
PS2Df : in STD_LOGIC;
makekey, breakey : out STD_LOGIC_VECTOR(7 downto 0)
);
end entity;
architecture arch of codps_2 is
signal s1,s2,s3: std_logic_vector (10 downto 0):=(others
=>'0');
begin
  process (ps2cf)
begin
    if clr='1' then
      s1<=(others =>'0');
      s2<=(others =>'0');
    elsif ps2cf'event and ps2cf='1' then
      s1<=ps2df & s1(10 downto 1);
      s2<=s1(0) & s2 (10 downto 1);
      s3<=s2(0) & s3 (10 downto 1);
    end if;
    makekey<= s3 (8 downto 1);
    breakey<=s2 (8 downto 1);
end process;
end arch;
```

Code VHDL de multiplexer

```
library IEEE;
use IEEE.STD_LOGIC_1164.all;
entity mux is
port (Adr:in std_logic;
    D0,D1 : in std_logic_vector (7 downto 0);
    S:out std_logic_vector ( 7 downto 0));
end entity;
architecture arch of mux is
  begin

process (adr)
begin
  if adr='0' then
    s <=D0;
  elsif adr='1' then
    s <=D1;
  end if;
end process;
end arch;
```

Code VHDL de l'application

```
library IEEE;
use IEEE.STD_LOGIC_1164.all;
entity globalkeyps2 is
port(
clk_50,clr : in STD_LOGIC;
adr : in STD_LOGIC;
PS2_Clock : in STD_LOGIC;
PS2_Data : in STD_LOGIC;
sout : out STD_LOGIC_VECTOR(7 downto 0)
);
end entity;
architecture arch of globalkeyps2 is
  component codps_2 is
  port(
  PS2Cf,clr : in STD_LOGIC;
  PS2Df : in STD_LOGIC;
  makekey, breakey : out STD_LOGIC_VECTOR(7 downto 0)
  );
end component;
component mux is
port (Adr: in std_logic;
D0,D1 : in std_logic_vector (7 downto 0);
S:out std_logic_vector (7 downto 0));
end component;
component filtre is
port (clk_25,clr,ps2_clock,ps2_data: in std_logic;
signal ps2cf,ps2df: out std_logic);
end component;
component diviseur is
port (clkin: in std_logic;
clkout : out std_logic);
end component;
signal sclk_25,s1,s2: std_logic;
signal s3,s4: std_logic_vector (7 downto 0);
begin
div: diviseur port map(clk_50,sclk_25);
fitr:filtre port map(
sclk_25,clr,ps2_clock,ps2_data,s1,s2);
key:codps_2 port map (s1,clr,s2,s3,s4);
muxx:mux port map (adr,s3,s4,sout);
end arch;
```

Solution 2

Cette solution est plus simple est moins compliqué, en fait cette solution n'utilise pas le filtre.

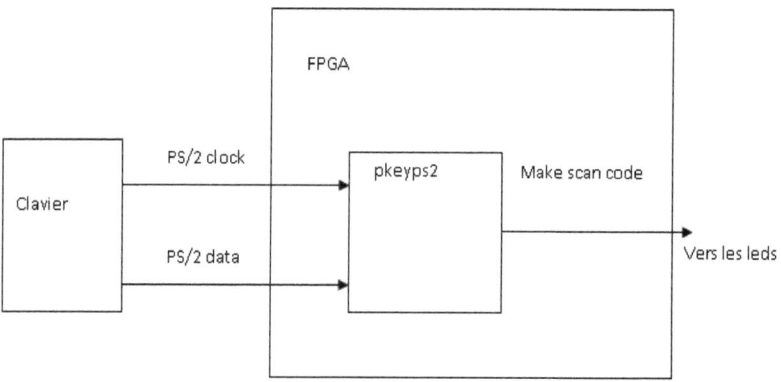

Figure 10 : Solution 2

```vhdl
library IEEE;
use IEEE.STD_LOGIC_1164.ALL;
use IEEE.STD_LOGIC_ARITH.ALL;
use IEEE.STD_LOGIC_UNSIGNED.ALL;
entity pkeyps2 is
   Port ( ps2c : in STD_LOGIC;
         ps2d : in STD_LOGIC;
   sout : out std_logic_vector (7 downto 0));
end pkeyps2 ;
architecture Behavioral of pkeyps2 is
signal s1,s2,s3: std_logic_vector( 10 downto 0);
begin
process (ps2c)
variable i: std_logic_vector (7 downto 0) := (others
=>'0');
begin
if ps2c'event and ps2c='1' then
s1<=ps2d & s1(10 downto 1);
s2<=s1(0)& s2(10 downto 1);
s3<=s2(0)& s3(10 downto 1);
i:=i+1;
end if;
if (i="00100001")then
sout<= s3 ( 8 downto 1);
i:= (others =>'0');
end if;
end process;
end behavioral.
```

Exercice 1: On désire concevoir sur un FPGA un circuit permettant d'afficher en décimal le nombre de chaque touche appuyée ainsi que son make scan code.

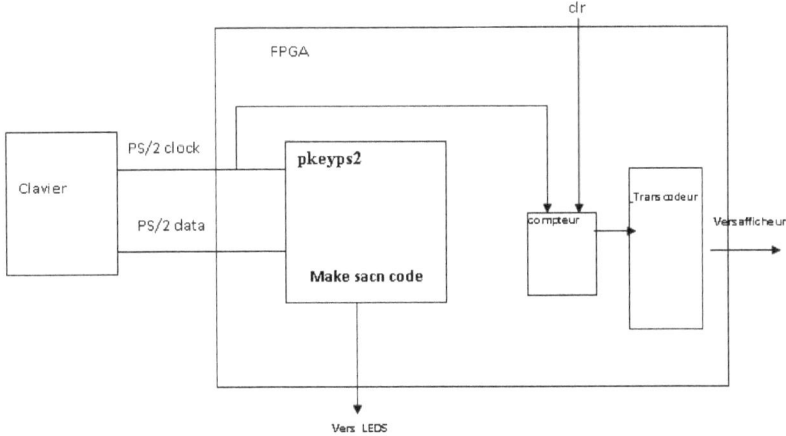

Figure 11 : Solution proposée

Code VHDL du pkeyps2

```vhdl
library IEEE;
use IEEE.STD_LOGIC_1164.ALL;
use IEEE.STD_LOGIC_ARITH.ALL;
use IEEE.STD_LOGIC_UNSIGNED.ALL;
entity pkeyps2 is
  Port ( ps2c : in STD_LOGIC;
         ps2d : in STD_LOGIC;
         sout : out std_logic_vector (7 downto 0));
end pkeyps2 ;
architecture Behavioral of pkeyps2 is
signal s1,s2,s3: std_logic_vector( 10 downto 0);
begin
process (ps2c)
variable i: std_logic_vector (7 downto 0):=(others
=>'0');
begin
if ps2c'event and ps2c='1' then
    s1<=ps2d & s1(10 downto 1);
    s2<=s1(0)& s2(10 downto 1);
    s3<=s2(0)& s3(10 downto 1);
    i:=i+1;
end if;
if (i="00100001")then
    sout<= s3 ( 8 downto 1);
    i:= (others =>'0');
end if;
end process;
end Behavioral;
```

Code VHDL compteur

```vhdl
library IEEE;
use IEEE.STD_LOGIC_1164.ALL;
use IEEE.STD_LOGIC_ARITH.ALL;
use IEEE.STD_LOGIC_UNSIGNED.ALL;
entity comp is
  Port ( clk : in STD_LOGIC;
         clr : in STD_LOGIC;
         q : out STD_LOGIC_VECTOR (3 downto 0));
end comp;
architecture Behavioral of comp is
begin
process(clk,clr)
variable  v  :STD_LOGIC_VECTOR  (3  downto
0):=(others=>'0');
variable i : integer:=0;
begin
if clr='1' then
    i:=0;
    v:=(others=>'0');
elsif falling_edge(clk) then
if (i=33) then
    --  L'appuie et le relâchement d'une touche
    consomme 33 front d'horloges
    v:=v+1;
    i:=0;
else
    i:=i+1;
end if;
end if;
q<=v;
end process;
end Behavioral;
```

Code VHDL transcodeur

```vhdl
library IEEE;
use IEEE.STD_LOGIC_1164.ALL;
entity trans is
  Port ( a : in STD_LOGIC_VECTOR (3 downto 0);
         S_a_to_g: out STD_LOGIC_VECTOR (6 downto
0));
end trans;
architecture Behavioral of trans is
begin
process (a)
begin
case (a) is
when "0000" =>
    S_a_to_g<="0000001";
when "0001"=>
    S_a_to_g<="1001111";
when "0010"=>
    S_a_to_g<="0010010";
when "0011"=>
    S_a_to_g<="0000110";
when "0100"=>
    S_a_to_g<="1001100";
when "0101"=>
    S_a_to_g<="0100100";
when "0110"=>
    S_a_to_g<="0100000";
when "0111"=>
    S_a_to_g<="0001111";
when "1000"=>
    S_a_to_g<="0000000";
when "1001"=>
    S_a_to_g<="0000100";
when others=>
    S_a_to_g<="1111110";
end case;
end process;
end behavioral ;
```

Code VHDL de l'application

```
library IEEE;
use IEEE.STD_LOGIC_1164.ALL;
use IEEE.STD_LOGIC_ARITH.ALL;
use IEEE.STD_LOGIC_UNSIGNED.ALL;
entity glopapp is
  Port ( ps2c,clr : in STD_LOGIC;
         ps2d : in STD_LOGIC;
         sa_g : out STD_LOGIC_VECTOR (6 downto 0);
         an : out STD_LOGIC_VECTOR (3 downto 0);
         sout : out STD_LOGIC_VECTOR (7 downto 0));
end glopapp;
architecture Behavioral of glopapp is
component pkeyps2 is
  Port ( ps2c : in STD_LOGIC;
         ps2d : in STD_LOGIC;
         sout : out std_logic_vector (7 downto 0));
end component;

component comp is
  Port ( clk : in STD_LOGIC;
         clr : in STD_LOGIC;
         q : out STD_LOGIC_VECTOR (3 downto 0));
end component;
component trans is
  Port ( a : in STD_LOGIC_VECTOR (3 downto 0);
         S_a_to_g: out STD_LOGIC_VECTOR (6 downto 0));
end component;
signal s1: std_logic;
signal s2: std_logic_vector ( 3 downto 0);
begin
u2: pkeyps2 port map(ps2c,ps2d,sout);
u3: comp port map (ps2c,clr,s2);
u4: trans port map(s2,sa_g);
an <= "1110";
end Behavioral;
```

Exercice 2: on désire concevoir sur un FPGA un circuit permettant de recevoir à travers le port PS2 le scan code de la touche appuyée et d'envoyer son code ASCII à travers le port RS232 vers le PC.

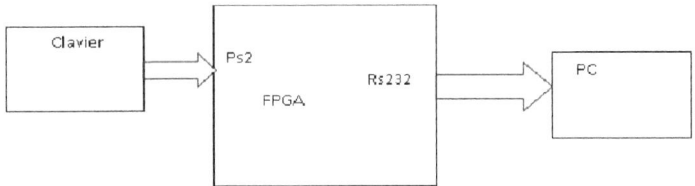

Figure 12 : Application demandée

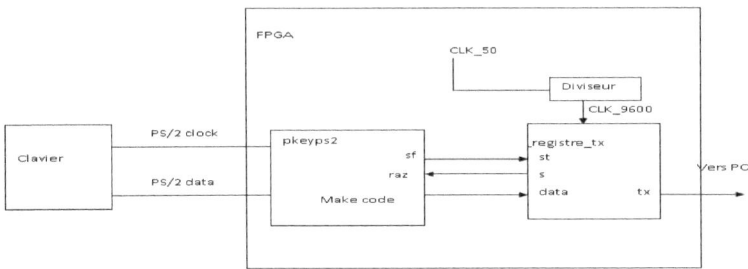

Figure 18 : Solution proposée

Code VHDL du diviseur

```vhdl
library IEEE;
use IEEE.STD_LOGIC_1164.ALL;
entity diviseur is
   Port ( clk_in : in STD_LOGIC;
          clk_out : out STD_LOGIC);
end diviseur;
architecture Behavioral of diviseur is
begin
process (clk_in)
variable v: integer:=0;
variable k: std_logic:='0'
begin
if clk_in'event and clk_in='1' then
   if (v=2604) then
      k:= not k;
      v:=0;
   else
      v:=v+1;
   end if;
end if;
clk_out <= k;
end process;
end Behaviora
```

Code VHDL du registre_Tx

```vhdl
library ieee;
use ieee.std_logic_1164.all;
entity registre_tx is
   port(clk,st: in std_logic;
        data: in std_logic_vector (7 downto 0);
        tx,s: out std_logic);
end entity;
architecture arch of registre_tx is
signal Ascii_code: std_logic_vector (7 downto 0);
begin
with data select
ascii_code <=
"00110000" when "01110000", -- 0
"00110001" when "01010001", -- 1
"00110010" when "01110010", -- 2
"00110011" when "01111010", -- 3
"00110100" when "01010011", -- 4
"00110101" when "01110011", -- 5
"00110110" when "01110100", -- 6
"00110111" when "01101100", -- 7
"00111000" when "01110101", -- 8
"00111001" when "01111101", -- 9
"01000001" when "00010101", -- A
"01000010" when "00110010", -- B
"01000011" when "00100001", -- C
"01000100" when "00100011", -- D
"01000101" when "00100100", -- E
"01000110" when "00101011", -- F
"01000111" when "00110100", -- G
"01001000" when "00110011", -- H
"01001001" when "01000001", -- I
"01001010" when "00111011", -- J
"01001011" when "01000010", -- K
"01001100" when "01001011", -- L
"01001101" when "01001100", -- M
"01001110" when "00110001", -- N
"01001111" when "01000100", -- O
"01010000" when "01001101", -- P
"01010001" when "00011100", -- Q
"01010010" when "00010101", -- R
"01010011" when "00011011", -- S
"01010100" when "00110100", -- T
"01010101" when "00111100", -- U
"01010110" when "00110010", -- V
"01010111" when "00011010", -- W
"01011000" when "00010010", -- X
"01011001" when "00110101", -- Y
"01011010" when "00011101",
"00101010" when others;
process (clk,ascii_code)
variable v: std_logic_vector (9 downto 0);
variable i,memo: integer:=0;
begin
if st='1' and memo=0 then
   memo:=1;
   v:='1' & ascii_code & '0';
elsif ((clk'event and clk='1') and (memo=1)) then    tx<=v(0);
   v:='1' & v(9 downto 1);
   i:=i+1;
   s<='1';
   if (i=10) then
      i:=0;
      v:=(others =>'1');
      memo:=0;
      s<='0';
   end if;
end if;
end process;
end arch;
```

Code VHDL du pkeyps2

```
library IEEE;
use IEEE.STD_LOGIC_1164.ALL;
use IEEE.STD_LOGIC_ARITH.ALL;
use IEEE.STD_LOGIC_UNSIGNED.ALL;
entity pkeyps2 is
   Port ( ps2c : in STD_LOGIC;
          ps2d,raz : in STD_LOGIC;
   sout : out std_logic_vector (7 downto 0);
   sf:out std_logic);
end pkeyps2 ;
architecture Behavioral of pkeyps2 is
signal s1,s2,s3: std_logic_vector( 10 downto 0);
begin
process (ps2c)
variable i: std_logic_vector (7 downto
0):=(others =>'0');
begin
if raz='1' then
   sout <=(others =>'Z');
   sf<='0';
elsif ps2c'event and ps2c='1' then
   s1<=ps2d & s1(10 downto 1);
   s2<=s1(0)& s2(10 downto 1);
   s3<=s2(0)& s3(10 downto 1);
   i:=i+1;
   sf<='0';
end if;
if (i="00100001")then
   --sout <= s3 ( 8 downto 1);
   i:= (others =>'0');
   sf<='1';
end if;
sout<= s3 ( 8 downto 1);
end process;
end Behavioral;
```

Code VHDL du circuit global

```
library IEEE;
use IEEE.STD_LOGIC_1164.ALL;
use IEEE.STD_LOGIC_ARITH.ALL;
use IEEE.STD_LOGIC_UNSIGNED.ALL;
entity glob_uart_ps2 is
   Port ( clk_50 : in STD_LOGIC;
          ps2c : in STD_LOGIC;
          ps2d : in STD_LOGIC;
   s:out std_logic_vector (7 downto 0);
   tx : out STD_LOGIC);
end glob_uart_ps2;
architecture Behavioral of glob_uart_ps2 is
component diviseur is
   Port ( clk_in : in STD_LOGIC;
          clk_out : out STD_LOGIC);
end component;
component registre_tx is
   port(clk,st: in std_logic;
        data: in std_logic_vector (7 downto 0);
        tx,s: out std_logic);
   end component;
component pkeyps2 is
   Port ( ps2c : in STD_LOGIC;
          ps2d,raz : in STD_LOGIC;
   sout : out std_logic_vector (7 downto 0);
   sf:out std_logic);
end component;
signal sclk_9600,sclk_25,s1,s2: std_logic;
signal s_data : std_logic_vector (7 downto 0);
begin
u1: diviseur port map (clk_50,sclk_9600);
u2: registre_tx port map
(sclk_9600,s1,s_data,tx,s2);
u4:pkeyps2 port map (ps2c,ps2d,s2,s_data,s1);
s<=s_data;

end Behavioral;
```

Chapitre 5 : Le port PS2 (la souris)

Une souris est conçue principalement pour détecter le mouvement en deux dimensions sur une surface. Son circuit interne mesure la distance relative de déplacement et vérifie l'état de ses boutons. Pour une souris avec une interface PS2, cette information, sur 8 octet chacune, est emballée dans trois paquets ("status" ; "X" ; "Y") et envoyées à l'hôte via le port PS2.

Paquet 3 status (status(7),status(6),status(5),status(4), staus(3),status(2),status(1),status(0))
Paquet2: X (x7, x6, x6, x5, x4, x2, x1, x0)
Paquet2 : Y (y7, y6, y5, y4, y3, y2, y1, y0)
Status(7) : débordement selon la direction Y
Status(6) : débordement selon la direction X
Status(5) : signe du déplacement Y (0 : positif, 1 negatif)
Status(4) : signe du déplacement X (0 : positif, 1 negatif)
Status(3): 1
Status(2) : bouton droite '1' appuyée,'0' relâchée
Status(1) : bouton milieu '1' appuyée,'0' relâchée
Status(0) : bouton gauche '1' appuyée,'0' relâchée
X : déplacement en X en complément à 2 (négatif à gauche, positif à droite)
Y : déplacement en Y en complément à 2 (négatif en bas, positif en haut)

S	status	P	SP	S	X	P	SP	S	Y	P	SP

S : bit start='0' ; P : bit de parité ; SP : bit stop ='1'

Protocole de communication

Contrairement au clavier, le 'hôte doit d'abord envoyer une commande à la souris pour initialiser la souris. Ainsi, la communication bidirectionnelle du port PS2 est nécessaire pour l'interface de souris PS2. Le protocole de communication entre l'hôte el la souris comporte quatre phases

1. A la mise sous tension, la souris effectue un test de mise sous tension interne. La souris envoie un octet "AA" de données, qui indique que le test est réussi, puis un octet de données" 00", qui est l'ID d'une souris PS2 standard.

2. l'hôte impose l'horloge (ps2c) de la souris au niveau bas pendant au moins 100 µS, puis en forçant DATA (ps2d) de la souris au niveau bas pendant. Dès que la sourie reconnaît ce signal bas, elle va émettre son horloge (ps2c)

3. L'hôte envoie la commande, F4 sans bit start et en ajutant le bit de parité plus le bit stop (L'horloge est fournit par la souris). Ensuite, la souris répondre avec FE de reconnaître l'acceptation de la commande

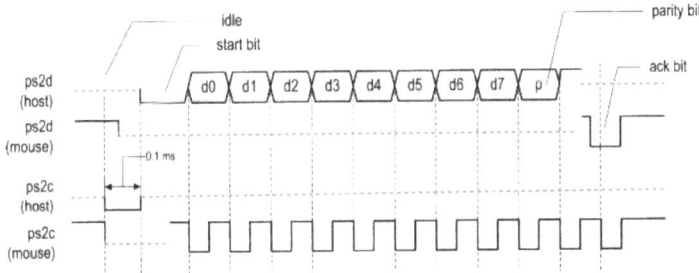

4. La souris entre dans le mode flux et envoie des paquets de données vers l'hôte

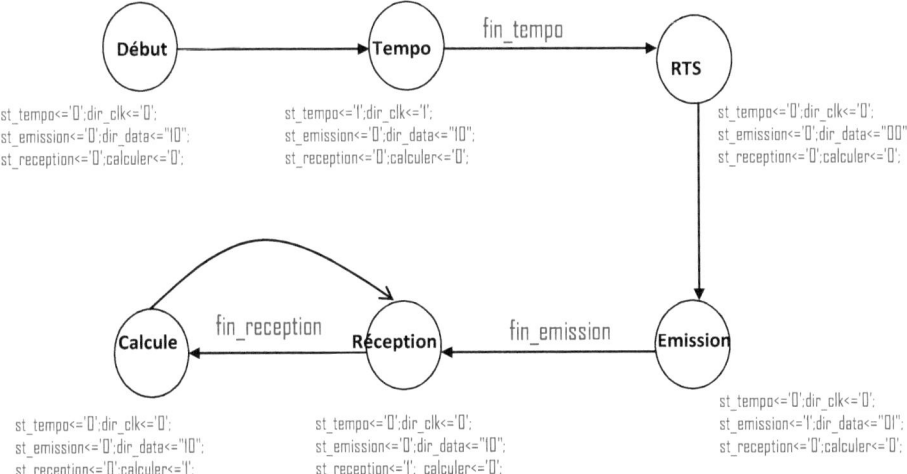

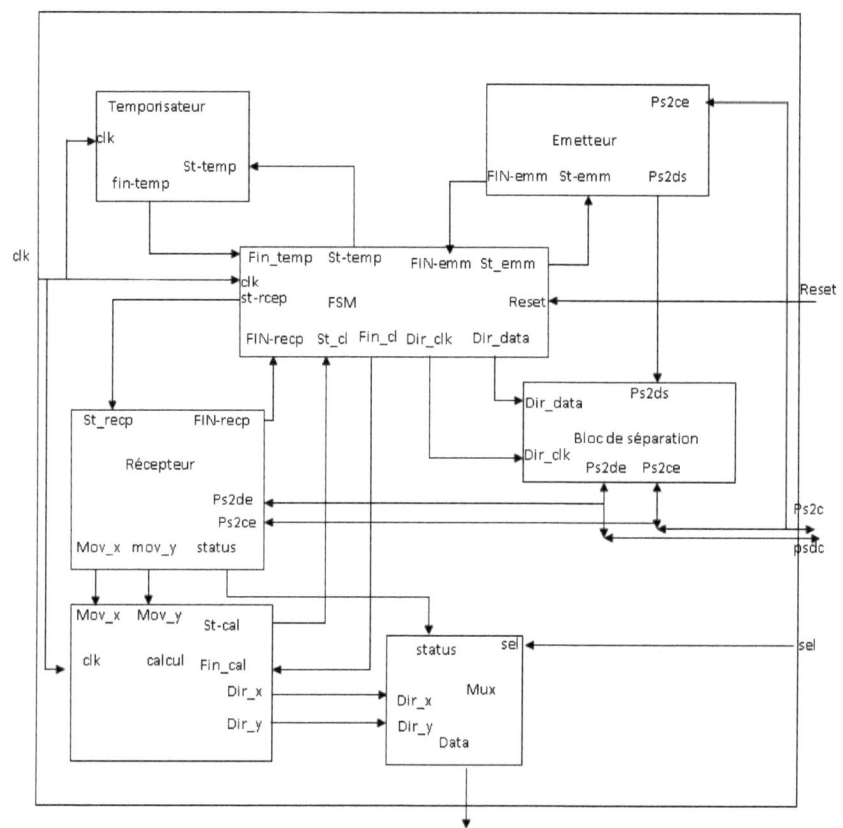

Figure 20 : solution proposé pour le pilote de la souris

Code VHDL du pilote de la souris

```vhdl
liBRARY ieee;
USE ieee.std_logic_1164.ALL;
USE ieee.numeric_std.ALL;
use ieee.std_logic_unsigned.all;
ENTITY souris_ps2 IS
  PORT (
    clk     : IN  std_ulogic;
    reset   : IN  std_ulogic;
    sel     : IN  std_logic_vector(1 downto 0);
    data    : OUT std_logic_vector (7 DOWNTO 0);
    ps2d    : INOUT std_logic;
    ps2c    : INOUT std_logic);
END entity;
ARCHITECTURE arch OF souris_ps2 IS
signal clk25,ps2cf,ps2de,ps2ds,dir_clk,ps2ce: std_logic;
signal dir_data: std_logic_vector ( 1 downto 0);
signal st_tempo,fin_tempo,st_emission,fin_emission:
std_logic;
signal st_reception,fin_reception,calculer: std_logic;
SIGNAL mouvement_h,mouvement_v:std_logic_vector(7
DOWNTO 0):=(others=>'0');
signal position_h, position_v : std_logic_vector (7
DOWNTO 0):=(others=>'0');
signal status : std_logic_vector(7 DOWNTO 0);
TYPE t_etat IS (debut, tempo, rts, emission,
                reception, calcul);
  SIGNAL ep:t_etat:=debut;
  signal es:t_etat;
begin
-----------------------------------------------------
-------------
separation:process (ps2de,ps2d,ps2c)
  begin
  if dir_data="00" then
  ps2d<='0';
  elsif dir_data="01" then
  ps2d<=ps2ds;
  elsif dir_data="10" then
  ps2d<='Z';
  end if;
  if dir_clk='1' then
  ps2c<='0';
  else
  ps2c<='Z';
  end if;
  ps2ce <= ps2c ;
  ps2de <=ps2d;
  end process;
-----------------------------------------------------
-----
temporisation: PROCESS (clk)
   VARIABLE v : natural :=0;
BEGIN
  if rising_edge(clk) then
 if st_tempo='1' THEN
 if (v=5000) then
        fin_tempo<='1';
        v:=0;
        else
        fin_tempo<='0';
        v:=v+1;
        end if;
        end if;
        end if;
    END PROCESS ;
-----------------------------------------------------

emetteur:  PROCESS(st_emission, ps2ce)
   VARIABLE i : natural :=0;
   VARIABLE registre : std_logic_vector(9 DOWNTO
0):=(others=>'0');
   CONSTANT mot_f4 : std_logic_vector(9 DOWNTO 0)
:= "1011110100";
  BEGIN
   IF st_emission = '0' THEN
     registre := mot_f4;
     i := 0;
    ELSIF falling_edge(ps2ce) THEN
      ps2ds <= registre(0);
registre := '0' & registre( 9 downto 1);
      i:= i + 1;
       IF i = 10 THEN
      fin_emission <= '1';
i:=0;
   else
  fin_emission <= '0';
   end if;
  end if;

   END PROCESS ;
-----------------------------------------------------
------
```

```vhdl
    recep : PROCESS(st_reception,ps2ce)
  variable i,j: integer:=0;
    variable registre: std_logic_vector(32 DOWNTO 0):=(others=>'0');
           variable v: std_logic_vector(7 DOWNTO 0):="00000000";
variable f,st: std_logic:='0';
  BEGIN
     IF st_reception ='0' then
fin_reception<='0';
 ELSIF rising_edge(ps2ce)  THEN
     registre:=ps2de & registre(32 downto 1);
 i:=i+1;
if (i=46) then
status<=registre(8 downto 1);
mouvement_v<=registre(30 downto 23);
mouvement_h<=registre(19 downto 12);
fin_reception<='1';
end if;
             ---------------------------
if (i>46) then
if j=32  then
  status<=registre(8 downto 1);
mouvement_v<=registre(30 downto 23);
mouvement_h<=registre(19 downto 12);
j:=0;
fin_reception<='1';
else
j:=j+1 ;
fin_reception<='0';
end if;
end if;
end if;
 END PROCESS ;
---------------------------------------------------------------
cal : PROCESS(calculer,clk)
BEGIN
if rising_edge(clk) then
IF (calculer='1') THEN
position_h<= mouvement_h+position_h;
position_v<= mouvement_v+position_v;
end if;
END IF;
END PROCESS;
---------------------------------------------------------
FSM_etat: PROCESS
  BEGIN  -- PROCESS sequenceur

      WAIT UNTIL rising_edge(clk);
      IF reset = '1' THEN
       ep <= debut;
      ELSE
       CASE ep IS
         WHEN debut => es <= tempo;
         WHEN tempo => IF fin_tempo = '1' THEN
           es <= rts;
     elsif fin_tempo='0' then
             es<=tempo;
              END IF;
         WHEN rts => es <= emission;
         WHEN emission => IF fin_emission = '1' THEN
           es <= reception;
           elsif fin_emission='0' then
                 es<=emission;
              END IF;
          WHEN reception => IF fin_reception = '1' THEN
              es <= calcul;
              elsif fin_reception='0' then
              es<=reception;
             END IF;
       WHEN calcul =>  es <= reception;
      END CASE;
     END IF;
         ep<=es;
     END PROCESS ;
---------------------------------------------------------------
 fsm_output: process (ep)
  begin
   case ep is
 when debut=>
st_tempo<='0';
dir_clk<='0';
st_emission<='0';
dir_data<="10";
st_reception<='0';
calculer<='0';
----------------------
 when tempo=>
st_tempo<='1';
dir_clk<='1';
st_emission<='0';
dir_data<="10";
st_reception<='0';
calculer<='0';
-----------------------
when rts=>
```

```
st_tempo<='0';                              st_tempo<='0';
dir_clk<='0';                               dir_clk<='0';
st_emission<='0';                           st_emission<='0';
dir_data<="00";                             dir_data<="10";
st_reception<='0';                          st_reception<='0';
calculer<='0';                              calculer<='1';
--------------------                         end case ;
when emission=>
st_tempo<='0';                               end process;
dir_clk<='0';                               ----------------------------------
st_emission<='1';                            mux: process (mouvement_h,status,mouvement_v)
dir_data<="01";                             begin
st_reception<='0';                          case sel is
calculer<='0';                              when "00"=>
--------------------------                  data<= position_h;
------------------------------              when "01"=>
when reception =>                           data<=position_v;
st_tempo<='0';                              when "10"=>
dir_clk<='0';                               data<= status;
st_emission<='0';                           when others=>
dir_data<="10";                             data<="00000000";
st_reception<='1';                          end case;
calculer<='0';                              end process;
--------------------                        END arch;
when calcul=>
```

Exercice

On désir concevoir un circuit sur FPGA. Le circuit utilise les boutons de la souris pour commander un compteur. Un premier clic sur le bouton gauche de la souris déclenche le comptage alors qu'un deuxième clic met le compteur à zéro. Le compteur est bloqué (état mémoire) tant que Le bouton droit est appuyé.

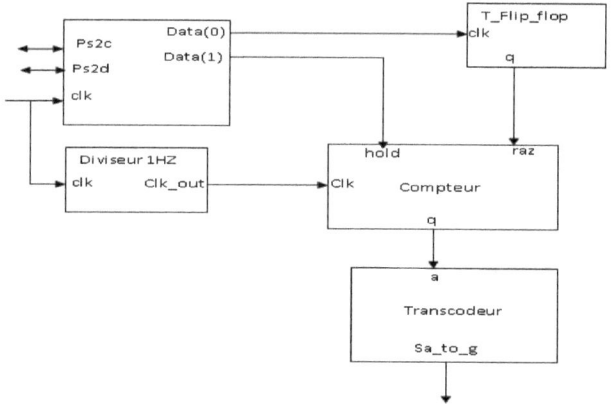

Figure 21 : Solution proposée

Code VHDL du pilote de la souris

```
liBRARY ieee;
USE ieee.std_logic_1164.ALL;
USE ieee.numeric_std.ALL;
use ieee.std_logic_unsigned.all;
ENTITY souris_ps2 IS
  PORT ( clk      : IN  std_ulogic;
         data     : OUT std_logic_vector (7 DOWNTO 0);
         ps2d     : INOUT std_logic;
         ps2c     : INOUT std_logic);
END entity;

ARCHITECTURE arch OF souris_ps2 IS
signal clk25,ps2cf,ps2de,ps2ds,dir_clk,ps2ce: std_logic;
signal dir_data: std_logic_vector ( 1 downto 0);
signal  st_tempo,fin_tempo,st_emission,fin_emission:
std_logic;
signal st_reception,fin_reception,calculer: std_logic;
SIGNAL mouvement_h,mouvement_v:std_logic_vector(7
DOWNTO 0):=(others=>'0');
signal position_h, position_v : std_logic_vector (7
DOWNTO 0):=(others=>'0');
signal status : std_logic_vector(7 DOWNTO 0);
TYPE t_etat IS (debut, tempo, rts, emission,
         reception );
  SIGNAL ep:t_etat:=debut;
  signal es:t_etat;

begin
----------------------------------------------------------
--------------
separation:process (ps2de,ps2d,ps2c)
begin
if dir_data="00" then
ps2d<='0';
elsif dir_data="01" then
ps2d<=ps2ds;
elsif dir_data="10" then
ps2d<='Z';
end if;
if dir_clk='1' then
ps2c<='0';
else
ps2c<='Z';
end if;
ps2ce <= ps2c ;
ps2de <=ps2d;
end process;

----------------------------------------------------------
---
temporisation: PROCESS (clk)

        VARIABLE v : natural :=0;
```

```vhdl
BEGIN
  if rising_edge(clk) then
  if st_tempo='1' THEN
  if (v=5000) then
  fin_tempo<='1';
  v:=0;
  else
          fin_tempo<='0';
          v:=v+1;
          end if;
          end if;
          end if;

          END PROCESS ;
-----------------------------------------------------------

emetteur: PROCESS(st_emission, ps2ce)
  VARIABLE i : natural :=0;
  VARIABLE registre : std_logic_vector(9 DOWNTO 0):=(others=>'0');
  CONSTANT mot_f4 : std_logic_vector(9 DOWNTO 0) := "1011110100";
  BEGIN
  IF st_emission = '0' THEN
    registre := mot_f4;
    i := 0;
  ELSIF falling_edge(ps2ce) THEN
    ps2ds <= registre(0);
                registre := '0' & registre( 9 downto 1);
    i:= i + 1;
    IF i = 10 THEN
    fin_emission <= '1';
                i:=0;
    else
    fin_emission <= '0';
    end if;
          end if;

  END PROCESS ;
-----------------------------------------------------

    recep : PROCESS(st_reception,ps2ce)
    variable i,j: integer:=0;
    variable registre: std_logic_vector(32 DOWNTO 0):=(others=>'0');
    variable v: std_logic_vector(7 DOWNTO 0):="00000000";
            variable f,st: std_logic:='0';

BEGIN
  IF st_reception ='0' then

  ELSIF rising_edge(ps2ce)  THEN
    registre:=ps2de & registre(32 downto 1);
                  i:=i+1;
                  if (i=46) then
                  data<=registre(8 downto 1);
                                      end if;
                  ---------------------------
                  if (i>46) then
                  if j=32  then
  data<=registre(8 downto 1);
  j:=0;
else
        j:=j+1 ;
        end if;
        end if;
end if;
        END PROCESS ;
-----------------------------------------------------------------

cal : PROCESS(calculer,clk)
BEGIN
if rising_edge(clk) then
IF (calculer='1') THEN
position_h<= mouvement_h+position_h;
position_v<= mouvement_v+position_v;
end if;

END IF;
END PROCESS;

-------------------------------------------------------
FSM_etat: PROCESS
  BEGIN  -- PROCESS sequenceur
    WAIT UNTIL rising_edge(clk);  -- synchrone

    CASE ep IS
      WHEN debut => es <= tempo;
      WHEN tempo => IF fin_tempo = '1' THEN
                es <= rts;
        elsif fin_tempo='0' then
                es<=tempo;
                END IF;
      WHEN rts => es <= emission;
      WHEN emission => IF fin_emission = '1' THEN
                es <= reception;
```

```vhdl
         elsif fin_emission='0' then
         es<=emission;
           END IF;
                WHEN reception =>   es <= reception;
              END CASE;

                  ep<=es;
           END PROCESS ;
-----------------------------------------------------------------
-------
      fsm_output: process (ep)
       begin
        case ep is
      when debut=>
      st_tempo<='0';
      dir_clk<='0';
      st_emission<='0';
      dir_data<="10";
      st_reception<='0';

      ----------------------
      when tempo=>
      st_tempo<='1';
      dir_clk<='1';
      st_emission<='0';
      dir_data<="10";
      st_reception<='0';

      -------------------------
      when emission=>
      st_tempo<='0';
      dir_clk<='0';
      st_emission<='1';
      dir_data<="01";
      st_reception<='0';

      ---------------------------
      when rts=>
      st_tempo<='0';
      dir_clk<='0';
      st_emission<='0';
      dir_data<="00";
      st_reception<='0';
      ------------------------------
      when reception =>
      st_tempo<='0';
      dir_clk<='0';
      st_emission<='0';
      dir_data<="10";
      st_reception<='1';
      --------------------
       end case ;
        end process;
      END arch;
```

Code VHDL de la bascule (t_flip_flop)

```vhdl
library IEEE;
use IEEE.STD_LOGIC_1164.ALL;
use IEEE.STD_LOGIC_ARITH.ALL;
use IEEE.STD_LOGIC_UNSIGNED.ALL;
entity t_flip_flop is
   Port ( clk : in  STD_LOGIC;
    q : out  STD_LOGIC);
end t_flip_flop;
architecture Behavioral of t_flip_flop is
begin
process (clk)
variable v: std_logic:='0';
begin
if clk'event and clk='1' then
v:=not v;
end if;
q<=v;
end process;
end behavioral
```

Code VHDL diviseur 1Hz

```vhdl
library IEEE;
use IEEE.STD_LOGIC_1164.ALL;
use IEEE.STD_LOGIC_ARITH.ALL;
use IEEE.STD_LOGIC_UNSIGNED.ALL;
entity divis is
        Port ( clk : in  STD_LOGIC;
           clk_out : out  STD_LOGIC);
end divis;
architecture Behavioral of divis is
begin
```

```
process (clk)
variable v: integer:=0;
variable k: std_logic:='0';
begin
if clk'event and clk='1' then
if (v=25000000)then
k:= not k;
v:= 0;
```

Code VHDL du compteur

```
library IEEE;
use IEEE.STD_LOGIC_1164.ALL;
use IEEE.STD_LOGIC_ARITH.ALL;
use IEEE.STD_LOGIC_UNSIGNED.ALL;
entity compteur is
    Port ( clk,raz,hold : in  STD_LOGIC;
   q : out  STD_LOGIC_VECTOR (3 downto 0));
end compteur;
architecture Behavioral of compteur is
begin
process (raz,clk)
variable v: std_logic_vector(3 downto 0):="0000";
begin
if raz='0' then
v:="0000";
```

Code VHDL du transcodeur

```
library IEEE;
use IEEE.STD_LOGIC_1164.ALL;
use IEEE.STD_LOGIC_ARITH.ALL;
use IEEE.STD_LOGIC_UNSIGNED.ALL;
entity trans is
    Port ( a : in  STD_LOGIC_vector (3 downto 0);
       Sa_to_g : out  STD_LOGIC_VECTOR (6 downto 0));
end trans;
architecture Behavioral of trans is
begin
process (a)
begin
case a is
when"0000"=>
Sa_to_g<="0000001";
when "0001"=>
Sa_to_g<="1001111";
when "0010"=>
Sa_to_g<="0010010";
```

```
else
v:=v+1;
end if;
end if;
clk_out<=k;
end process;
end Behavioral

elsif (clk'event and clk='1') then
if hold='1' then
v:=v;
elsif hold='0' then
if v="1010" then
v:="0000";
else
v:=v+1;
end if;
end if;
end if;
q<=v;
end process;
end Behavioral

when "0011"=>
Sa_to_g<="0000110";
when "0100"=>
Sa_to_g<="1001100";
when "0101"=>
Sa_to_g<="0100100";
when "0110"=>
Sa_to_g<="0100000";
when "0111"=>
Sa_to_g<="0001111";
when "1000"=>
Sa_to_g<="0000000";
when "1001"=>
Sa_to_g<="0000100";
when others=>
Sa_to_g<="1111110";
end case;
end process;
end Behavioral;
```

Code VHDL du circuit globale

```vhdl
library IEEE;
use IEEE.STD_LOGIC_1164.ALL;
use IEEE.STD_LOGIC_ARITH.ALL;
use IEEE.STD_LOGIC_UNSIGNED.ALL;
entity global is
   Port ( ps2d : inout STD_LOGIC;
      ps2c : inout STD_LOGIC;
      Sa_to_g : out STD_LOGIC_VECTOR (6 downto 0);
      an : out STD_LOGIC_VECTOR (3 downto 0);
      clk : in STD_LOGIC);
end global;
architecture Behavioral of global is
component souris_ps2 IS
  PORT (
    clk     : IN   std_ulogic;
    data    : OUT  std_logic_vector (7 DOWNTO 0);
    ps2d    : INOUT std_logic;
    ps2c    : INOUT std_logic);
END component;
component divis is
   Port ( clk : in STD_LOGIC;
      clk_out : out STD_LOGIC);
end component;
component t_flip_flop is
   Port ( clk : in STD_LOGIC;
      q : out STD_LOGIC);
end component;
component compteur is
   Port ( clk,raz,hold : in STD_LOGIC;
      q : out STD_LOGIC_VECTOR (3 downto 0));
end component;
component trans is
   Port ( a : in STD_LOGIC_vector ( 3 downto 0);
      Sa_to_g : out STD_LOGIC_VECTOR (6 downto 0));
end component;
signal s_data: std_logic_vector(7 downto 0);
signal sraz,sclk: std_logic;
signal sq: std_logic_vector (3 downto 0);
begin
u1:souris_ps2 port map(clk,s_data,ps2d,ps2c);
u2:t_flip_flop port map (s_data(0), sraz);
u3: divis port map (clk,sclk);
u4: compteur port map (sclk,sraz,s_data(1),sq);
u5: trans port map (sq, Sa_to_g);
an<="0111";
end Behavioral;
```

Chapitre 6 : Le port USB Universal Serial Bus (clavier et souris)

Le Universal Serial Bus (USB, en français Bus universel en série, dont le sigle, inusité, est BUS) est une norme relative à un bus informatique en transmission série qui sert à connecter des périphériques informatiques entre eux ou à un ordinateur. Actuellement beaucoup d'FPGA utilisent le port USB, comme le cas nexys 3. Cependant le port USB de l'FPGA est souvent lié à un autre dispositif qui joue le rôle d'un adaptateur au sein de l'FPGA. On cite par exemple le cas de PIC 24F pour la famille nexys-3 qui adapte le protocole PS/2 au protocole USB. Donc coté utilisateur il suffit de garder le protocole PS/2 classique et c'est le PIC24f qui va s'occuper du reste voir figure 22.

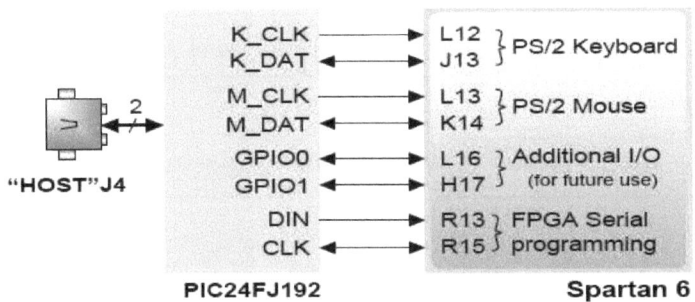

Figure 22 : interface à base de PIC24F USB- spartan6

Application 1 on désire réaliser la même application vue dans la souris PS2 sachant que la communication entre une souris et la carte FPGA (dans notre cas nexys3) est achevée à traves le port USB.

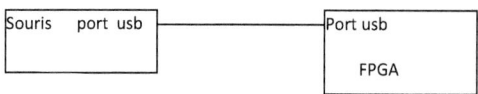

Figure 23 : communication souris -FPGA via USB

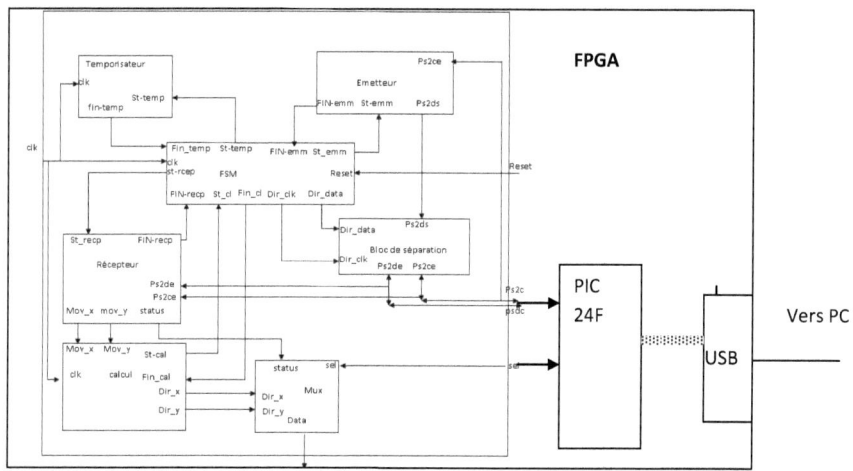

Figure 24 : solution proposée

Comme montre la figure 24 on garde le même code VHDL vu dans la page xxx, mais on

```
NET "data[0]" LOC = U16;
NET "data[1]" LOC = V16;
NET "data[2]" LOC = U15;
NET "data[3]" LOC = V15;
NET "data[4]" LOC = M11;
NET "data[5]" LOC = N11;
NET "data[6]" LOC = R11;
NET "data[7]" LOC = T11;
NET "sel[0]" LOC = T10;
NET "sel[1]" LOC = T9;
NET "clk" LOC = V10;
NET "ps2c" LOC = L13 | PULLUP; #Bank = 1, pin name = IO_L40P_GCLK11_M1A5, Sch name = PIC-SCK1 ;
NET "reset" LOC = T5;
NET "ps2d" LOC = K14 | PULLUP; #Bank = 1, pin name = IO_L39P_M1A3, Sch name = PIC-SDI1;
```

Figure 25 : fichier UCF

Application 2 : on désire réaliser une communication entre le clavier et la carte FPGA (dans notre cas nexys3) à traves le port USB.

Figure 26 : communication clavier - FPGA via USB

Code VHDL

```
library IEEE;
use IEEE.STD_LOGIC_1164.ALL;
use IEEE.STD_LOGIC_ARITH.ALL;
use IEEE.STD_LOGIC_UNSIGNED.ALL;
entity pkeyps2 is
    Port (ps2c : in STD_LOGIC;
     ps2d :in STD_LOGIC;
data : out std_logic_vector (7 downto 0));
end pkeyps2 ;
architecture Behavioral of pkeyps2 is
signal s1,s2,s3: std_logic_vector( 10 downto 0);
begin
process (ps2c)
variable i: integer:=0;
begin
if ps2c'event and ps2c='1' then
s1<=ps2d & s1(10 downto 1);
s2<=s1(0)& s2(10 downto 1);
s3<=s2(0)& s3(10 downto 1);
i:=i+1;
if (i=33)then
data<= s3 (8 downto 1);
i:= 0;
end if;
end if;
end process;
end Behavioral;
```

```
NET "sout[0]" LOC = U16;
NET "sut[1]" LOC = V16;
NET "sout[2]" LOC = U15;
NET "sout[3]" LOC = V15;
NET "sout[4]" LOC = M11;
NET "sout[5]" LOC = N11;
NET "sout6]" LOC = R11;
NET "sout[7]" LOC = T11;
NET "ps2c" LOC = L12 | PULLUP; #Bank = 1, pin name = IO_L40P_GCLK11_M1A5, Sch name = PIC-SCK1 ;
NET "ps2d" LOC = J13 | PULLUP; #Bank = 1, pin name = IO_L39P_M1A3, Sch name = PIC-SD11;
```

Figure 27 : fichier UCF

Chapitre 7: Le port USB -UART

Beaucoup d'FPGA admet adaptateur de protocoles USB- UART. Le ca de la carte Nexys3, elle comprend un pont USB-UART appelé FTDI FT232.

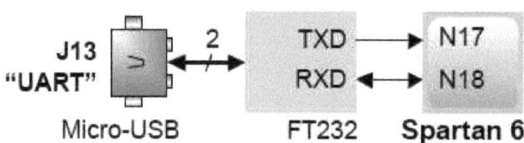

Figure 28 : pont FTDI FT232.

Application : on désire effectuer une communication complète (émission & réception) entre une carte Nexys-3 et le PC à travers le port USB

Circuit globale

```
library IEEE;
use IEEE.STD_LOGIC_1164.ALL;
use IEEE.STD_LOGIC_ARITH.ALL;
use IEEE.STD_LOGIC_UNSIGNED.ALL;
entity urat_tx_rx_global is
    Port ( clk_50,st,rx : in STD_LOGIC;
        data : in STD_LOGIC_vector (7 downto 0);
        tx : out STD_LOGIC;
        s: out std_logic_vector( 7 downto 0));
end urat_tx_rx_global;
architecture Behavioral of urat_tx_rx_global is
component diviseur is
    Port ( clk_in : in STD_LOGIC;
        clk_out : out STD_LOGIC);
end component;
```

Diviseur

```
library IEEE;
use IEEE.STD_LOGIC_1164.ALL;

entity diviseur is
    Port ( clk_in : in STD_LOGIC;
        clk_out : out STD_LOGIC);
end diviseur;
```

```
component registre_tx is
    port(clk,st: in std_logic;
        data: in std_logic_vector ( 7 downto 0);
        tx: out std_logic);
end component;
component registre_rx is
    port(clk,rx: in std_logic;
        s: out std_logic_vector ( 7 downto 0));
end component;
signal sclk: std_logic;
begin
u1: diviseur port map(clk_50,sclk);
u2: registre_tx port map (sclk,st, data,tx);
u3:registre_rx port map(sclk,rx,s);
end Behavioral;
```

```
architecture Behavioral of diviseur is
begin
process (clk_in)
variable v: integer:=0;
variable k: std_logic:='0';
begin
if clk_in'event and clk_in='1' then
```

```
if (v=5208) then
k:= not k;
v:=0;
else
v:=v+1;
```

      end if;
     end if;
     clk_out<=k;
    end process;
   end Behavioral ;

Registre RX

```
library ieee;
use ieee. std_logic_1164. all;
  entity registre_rx  is
     port(clk,rx: in std_logic;
        s: out std_logic_vector ( 7 downto 0));
     end entity;
     architecture arch of registre_rx is
          begin
         process (clk)
         variable v: std_logic_vector ( 9 downto 0);
         variable i,memo: integer:=0;
         begin
           if rx='0'  and memo= 0 then
             memo:=1;
```

         elsif ((clk'event and clk='1') and (memo =1)) then
              v:=rx & v(9 downto 1);
              i:=i+1;
              if (i=10) then
                i:=0;
                s<= v (8 downto 1);
                v:="ZZZZZZZZZZ";
                memo:=0;
              end if;
            end if;

          end process;
        end arch;

Registre TX

```
library ieee;
use ieee. std_logic_1164. all;
  entity registre_tx  is
     port(clk,st: in std_logic;
        data: in std_logic_vector ( 7 downto 0);
tx: out std_logic);
     end entity;
     architecture arch of registre_tx is
     signal sst: std_logic;
     begin
 process (clk)
 variable reg: std_logic_vector (1 downto 0):="00";
 begin
 if clk'event and clk='1' then
 reg:=st & reg(1);
 end if;
 sst<=reg(1) and (not reg(0));
 end process;
```

        process (clk,sst)
        variable v: std_logic_vector (9 downto 0);
        variable i,memo: integer:=0;
        begin
          if (sst='1' and memo= 0) then
            memo:=1;
v:='1' & data & '0';
          elsif ((clk'event and clk='1') and (memo =1)) then
             tx<=v(0);
             v:='1' & v(9 downto 1);
             i:=i+1;
             if (i=10) then
               i:=0;
               v:=(others =>'1');
             memo:=0;
              end if;
            end if;
          end process;
        end arch;

Fichier UCF

```
NET "data[7]" LOC = T5;            NET "s[2]" LOC = U15;
NET "data[6]" LOC = V8;            NET "s[3]" LOC = V15;
NET "data[5]" LOC = U8;            NET "s[4]" LOC = M11;
NET "data[4]" LOC = N8;            NET "s[5]" LOC = N11;
NET "data[3]" LOC = M8;            NET "s[6]" LOC = R11;
NET "data[2]" LOC = V9;            NET "s[7]" LOC = T11;
NET "data[1]" LOC = T9;            NET "clk_50" LOC = V10;
NET "data[0]" LOC = T10;           NET "rx" LOC = N18;
NET "s[0]" LOC = U16;              NET "st" LOC = B8;
NET "s[1]" LOC = V16;              NET "tx" LOC = N17;
```

Chapitre 8 Port VGA

Ecran VGA

VGA (de Video Graphics Array) est un standard d'affichage vidéo introduit à la fin des années 1980 par IBM qui' est largement utilisé par le PC à base de tube cathodique ou de liquide cristallin. Le port VGA est un composant qui contrôle 5 signaux : la synchronisation verticale, la synchronisation verticale et trois signaux de couleurs de base R "Red", G " green" et B " blue". Chaque point de couleur sur l'écran est appelé pixel. L'écran affiche les pixels à partie de son coin supérieur gauche. L'affichage est achevé pixel par pixel et line par line avec une fréquence 25 Mhz de haut vers le bas de l'écran. Les cartes FPGA utilisent souvent un dispositif simple pour convertir les valeurs numériques de R, G et B en signal analogique coome montre la figure 29

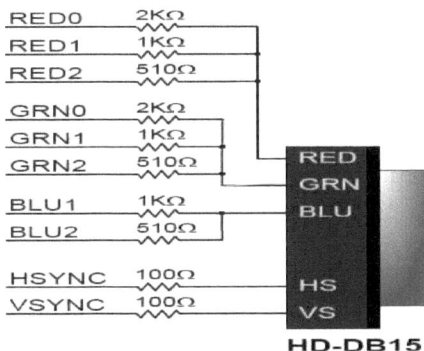

Figure 29 : convertesseur RGB numerique analogique

Traiton le cas de la composant R

$Ired= Vred-Vred0/2k\Omega + Vred-Vred1/1k\Omega + Vred-Vred2/0,510k\Omega \cong$

$Ired= Vred-Vred0/2k\Omega + Vred-Vred1/1k\Omega + Vred-Vred2/0,5k\Omega$

Vu l'impédance d'entrer du composant HD-DB15, on peur mettre Ired=0.

$Vred-Vred0 + 2Vred-2Vred+ 4Vred-4Vred2 => 7Vred= Vred0+2Vred1+4\ Vred2 =>$

$Vred = 1/7\, Vred0 + 2/7\, Vred1 + 4/7\, Vred2$

Vred2	Vred1	Vred0	Vred (volt)
0	0	0	0
0	0	1	1/7
0	1	0	2/7
0	1	1	3/7
1	0	0	4/7
1	0	1	5/7
1	1	0	6/7
1	1	1	7/7

Le port VGA est utilisé pour connecter une carte graphique à un écran l'ordinateur en analogique. Il possède 15 broches organisées en trois rangées.

broche		broche		Broca	
1	RED	6	RED_RTN	11	N/C
2	GREEN	7	GREEN_RTN	12	SDA
3	BLUE	8	BLUE_RTN	13	HSync
5	N/C	9	+5 V	14	VSync
5	GND	10	GND	15	SCL

*RTN : Retour

Les signaux V_HSYNC et V_VSYNC sont les deux signaux qui vont définir le balayage de L'écran à une fréquence de 60Hz. Le premier signal correspond à la synchronisation horizontale et le deuxième à la synchronisation verticale.

Application 1 : On veut implémenter sur un FPGA un circuit qui commande un objet situé sur l'écran VGA. Quatre commandes sont possibles : déplacement en haut, en bas, à gauche et à droite. Les commandes sont envoyées par le clavier d'un PC qui relié à la carte FPGA par le port RS232.

Commande envoyée par le PC	Déplacement
2	bas
8	haut
6	droit
4	gauche

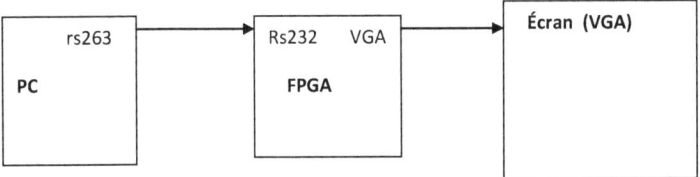

Application demandée

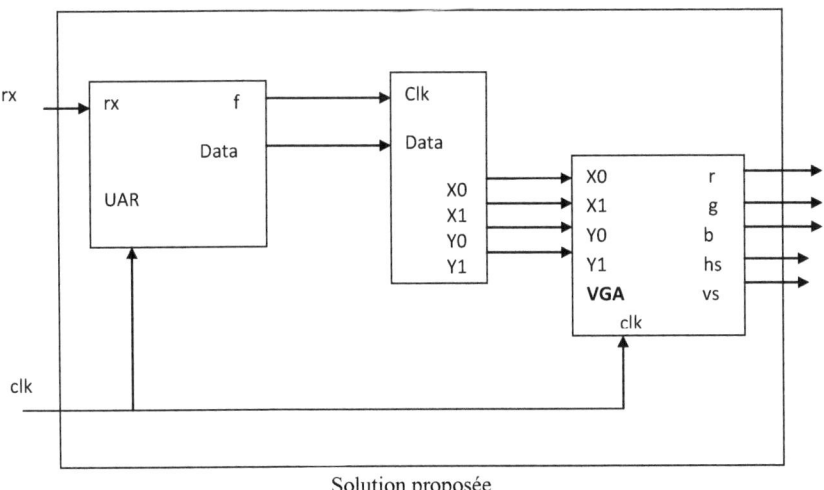

Solution proposée

Code du circuit global

```vhdl
library IEEE;
use IEEE.STD_LOGIC_1164.ALL;
use IEEE.STD_LOGIC_ARITH.ALL;
use IEEE.STD_LOGIC_UNSIGNED.ALL;
entity globalv3 is
    Port ( clk : in  STD_LOGIC;
           r : out  STD_LOGIC;
           g : out  STD_LOGIC;
           b : out  STD_LOGIC;
           rx : in  STD_LOGIC;
           hs : out  STD_LOGIC;
                        data: out std_logic_vector (7 downto 0);
           vs : out  STD_LOGIC);
end globalv3;
architecture Behavioral of globalv3 is
component uart_rx is
port (clk,rx: in std_logic;
f: out std_logic;
 data :out std_logic_vector (7 downto 0)
end component;
component objet is
    port (data: in std_logic_vector( 7 downto 0);
    xl,x0,y0,yl: out integer;
    clk: in std_logic);
    end component;
component vga is
    Port ( clk_50 : in  STD_LOGIC;
           hs : out  STD_LOGIC;
           vs : out  STD_LOGIC;
           r : out  std_logic;
           g,b : out std_logic;
           xl,x0,y0,yl: in integer          );
end component;
signal sdata: std_logic_vector(7 downto 0);
signal sx0,sxl,sy0,syl: integer;
signal sf: std_logic;
begin
u1:uart_rx port map(clk,rx,sf,sdata);
u2: objet port map(sdata,sxl,sx0,sy0,syl,sf);
u3: vga port map (clk,hs,vs,r,g,b,sxl,sx0,sy0,syl);
data<=sdata;
end Behavioral;
```

Code du UART_rx

```vhdl
library IEEE;
use IEEE.STD_LOGIC_1164.ALL;
entity uart_rx is
port (clk,rx: in std_logic;
f: out std_logic;
        data :out std_logic_vector (7 downto 0)
                );
end entity;
architecture arch of uart_rx is
signal sclk : std_logic:='0';
begin
process (clk)
variable v: integer:=0;
variable k: std_logic:='0';
begin
if clk'event and clk='1' then
v:=v+1;
if (v=2604) then
k:= not k;
v:=0;
end if;
end if;
sclk<=k;
end process;
process (sclk,rx)
 variable v: std_logic_vector (9 downto 0);
 variable i,memo: integer:=0;
  begin
if rx='0'  and memo= 0 then
 memo:=1;
elsif ((sclk'event and sclk='1')  and (memo =1)) then
v:=rx & v(9 downto 1);
i:=i+1;
memo:=1;
f<='0';
 if (i=10) then
data<=v ( 8 downto 1);
i:=0;
memo:=0;
f<='1';
 end if;
end if;
end process;
end arch;
```

Code de l'objet

```vhdl
library IEEE;
use IEEE.STD_LOGIC_1164.ALL;
use IEEE.STD_LOGIC_ARITH.ALL;
use IEEE.STD_LOGIC_UNSIGNED.ALL;
entity objet is
port (data: in std_logic_vector( 7 downto 0);
x1,x0,y0,y1: out integer;
clk: in std_logic);
end objet;
architecture Behavioral of objet is
signal xx1: integer:=219;
signal xx0: integer:=200;
signal yy0: integer:=40;
signal yy1: integer:=59;
begin
process(clk)
begin
if clk'event and clk='1'  then
if data="00110110" then
xx0<=xx0+1;
xx1<=xx1+1;
elsif data="00110100" then
xx0<=xx0-1;
xx1<=xx1-1;
elsif data="00111000" then
yy0<=yy0-1;
yy1<=yy1-1;
elsif data="00110010" then
yy0<=yy0+1;
yy1<=yy1+1;
end if;
end if;
end process;
x0<=xx0;
x1<=xx1;
y0<=yy0;
y1<=yy1;
End Behavioral;
```

Code de l'affichage VGA

```vhdl
library IEEE;
use IEEE.STD_LOGIC_1164.ALL;
use IEEE.STD_LOGIC_ARITH.ALL;
use IEEE.STD_LOGIC_UNSIGNED.ALL;
entity vga is
   Port ( clk_50 : in STD_LOGIC;
      hs : out STD_LOGIC;
      vs : out STD_LOGIC;
   r : out std_logic;
   g,b : out std_logic;
   xl,x0,y0,yl: in integer   );
end vga;
architecture Behavioral of vga is
signal clk_25: std_logic;
begin
-----------------------------------------------
div: process (clk_50)
variable v: integer :=0;
variable k: std_logic:='0';
begin
if clk_50'event and clk_50='1' then
v:=v+1;
if (v=1) then
k:= not k;
v:=0;
end if;
end if;
clk_25<=k;
end process;
-------------------------------------------

aff: process(clk_25)
variable hc,vc: integer :=0;
begin
if (clk_25'event and clk_25='1') then
hc:=hc+1;
if (hc=800) then
hc:=0;
vc:= vc+1;
end if;
if (vc=521) then
vc:=0;
end if;
if (hc >=1 and hc <= 96 ) then hs<='0' else hs<='1';
end if;
if (vc >=1 and vc <= 2 ) then
vs<='0';
else
vs<='1';
end if;
-----------------------------------
if (hc >=x0 and hc<=xl and vc >= y0 and vc<=yl )then
r<='1';
b<='0';
g<='0';
else
r<='0';
b<='0';
g<='0';
end if;
end if;
end process;
end Behavioral;
```

Application 2 : on désir concevoir un jeu sur FPGA, ce jeu permet de frapper un ballon à l'aide d'une raquette sur un mur. Un bouton poussoir St, pour déclencher le jeu. Le mur et le ballon ainsi que la raquette sont affichés sur un écran VGA. La raquette est commandée par un clavier à travers le port PS2 ; les commandes sont

Commande envoyée le clavier	Déplacement de la raquette
2	bas
8	haut
6	droit
4	gauche

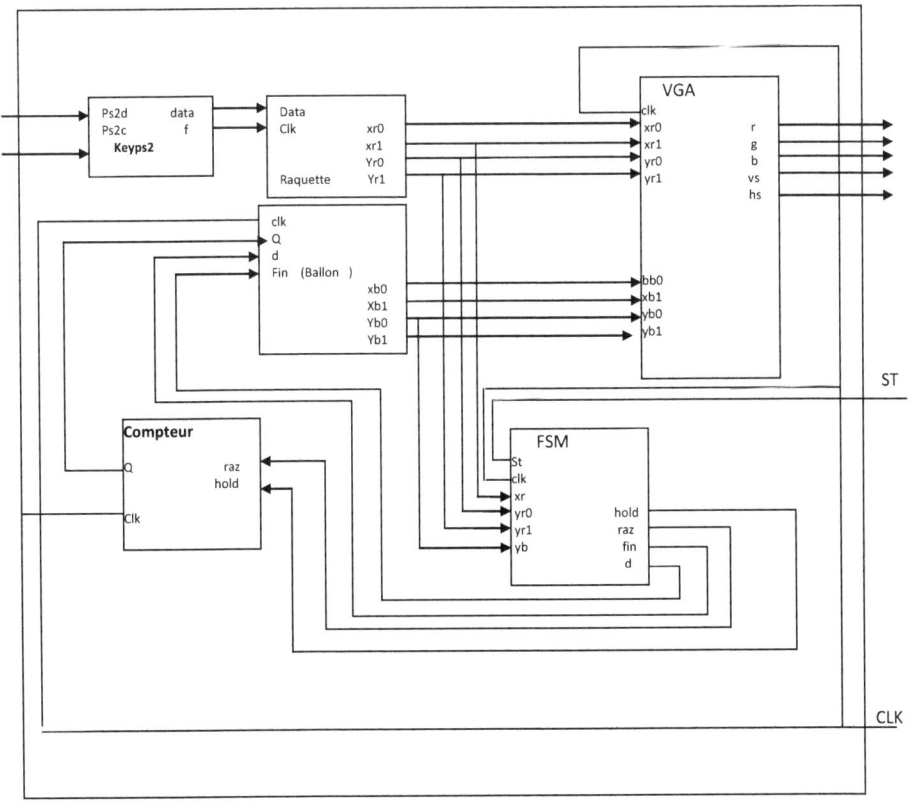

Solution proposée

Code du compteur

```
library IEEE;
use IEEE.STD_LOGIC_1164.ALL;
use IEEE.STD_LOGIC_ARITH.ALL;
use IEEE.STD_LOGIC_UNSIGNED.ALL;
entity compteur is
   Port ( clk,raz : in  STD_LOGIC;
      hold : in  STD_LOGIC;
  q: out integer);
end compteur;
architecture Behavioral of compteur is
begin
process (clk)
variable vq: integer:=0;
begin
if raz='1' then
vq:=0;
elsif clk'event and clk='1' then
if hold='1' then
vq:=vq;
elsif hold='0' then
if vq=101 then
vq:=0;
else
vq:=vq+1;
end if;
end if;
end if;
q<=vq;
end process;
end Behavioral;
```

Code du ballon

```
library IEEE;
use IEEE.STD_LOGIC_1164.ALL;
use IEEE.STD_LOGIC_ARITH.ALL;
use IEEE.STD_LOGIC_UNSIGNED.ALL;
entity ballon is
port (xb0,xb1,yb0,yb1:out integer;
clk,d,fin: in std_logic;
q: in integer);
end entity;
architecture Behavioral of ballon is
signal xxb1: integer:=200;
signal xxb0: integer:=198;
signal yyb0: integer:=220;
signal yyb1: integer:=222;
signal sclk: std_logic;
begin
div: process (clk)
variable v: integer :=0;
variable k: std_logic:='0';
begin
if clk'event  and clk='1' then
v:=v+1;
if (v=1250000)  then
k:= not k;
v:=0;
end if;
end if;
sclk<=k;
end process;
process(sclk,fin)
variable v: std_logic;
begin
if fin='1' then
xxb1<=200;
xxb0<=198;
yyb0<=220;
yyb1<=222;
elsif sclk'event and sclk='1' then
if d='1' then
xxb1<=xxb1+1;
xxb0<=xxb0+1;
if xxb0= 158 then
v:='1';
elsif xxb0=518 then
v:='0';
end if;
elsif d='0' then
xxb1<=xxb1-1;
xxb0<=xxb0-1;
end if;
if d='1' then
if (80 < q  and  q < 130) then
```

```
yyb0<=yyb0+1;
yyb1<=yyb1+1;
elsif (10 <q and  q< 20) then
yyb0<=yyb0-1;
yyb1<=yyb1-1;
elsif (20< q and  q < 30) then
yyb0<=yyb0+1;
yyb1<=yyb1+1;
elsif (30 < q and  q< 40) then
yyb0<=yyb0-1;
yyb1<=yyb1-1;
elsif (40 < q and  q< 50) then
yyb0<=yyb0+1;
```

```
yyb1<=yyb1+1;
elsif (50 < q and  q < 60) then
yyb0<=yyb0-1;
yyb1<=yyb1-1;
end if;
end if;
end if;
end process;
xb0<=xxb0;
xb1<=xxb1;
yb0<=yyb0;
yb1<=yyb1;
end Behavioral;
```

Code du pkeyps2

```
library IEEE;
use IEEE.STD_LOGIC_1164.ALL;
use IEEE.STD_LOGIC_ARITH.ALL;
use IEEE.STD_LOGIC_UNSIGNED.ALL;
entity pkeyps2 is
    Port ( ps2c : in  STD_LOGIC;
     ps2d :in  STD_LOGIC;
data : out std_logic_vector (7 downto 0);
f:out std_logic);
end pkeyps2 ;
architecture Behavioral of pkeyps2  is
signal s1,s2,s3: std_logic_vector( 10 downto 0);
begin
process (ps2c)
variable i: integer:=0;
```

```
begin
if ps2c'event and ps2c='1' then
s1<=ps2d & s1(10 downto 1);
s2<=s1(0)& s2(10 downto 1);
s3<=s2(0)& s3(10 downto 1);
i:=i+1;
f<='0';
if (i=33)then
data<= s3 (8 downto 1);
i:= 0;
f<='1';
end if;
end if;
end process;
end Behavioral;
```

Code de la raquette

```
library IEEE;
use IEEE.STD_LOGIC_1164.ALL;
use IEEE.STD_LOGIC_ARITH.ALL;
use IEEE.STD_LOGIC_UNSIGNED.ALL;
entity raquette is
port (data: in std_logic_vector( 7 downto 0);
xr0,xr1,yr0,yr1: out integer;
clk: in std_logic);
end raquette;
architecture Behavioral of raquette is
signal dir: integer;
 begin
process (clk)
```

```
begin
if clk'event and clk='1' then
if data="11101010" then
dir<=1;
elsif data="11100100" then
dir<=2;
elsif data="11101000" then
dir<=3;
elsif data="11010110" then
dir<=4;
else
dir<=0;
end if;
```

```vhdl
end if;
end process;
process (clk)
variable xx0: integer:=319;
variable xx1: integer:=320;
variable yy0: integer:=200;
variable yy1: integer:=250;
begin
if clk'event and clk='1' then
if dir=1 then
yy0:=yy0-10;
yy1:=yy1-10;
elsif dir=2 then
yy0:=yy0+10;
yy1:=yy1+10;
```

Code d'affichage VGA

```vhdl
library IEEE;
use IEEE.STD_LOGIC_1164.ALL;
use IEEE.STD_LOGIC_ARITH.ALL;
use IEEE.STD_LOGIC_UNSIGNED.ALL;
entity vga is
    Port ( clk_50 : in STD_LOGIC;
        hs : out STD_LOGIC;
        vs : out STD_LOGIC;
    r : out std_logic;
    g,b : out std_logic;
    xr0,xr1,yr0,yr1: in integer;
    xb0,xb1,yb0,yb1:in integer
    );
end vga;
architecture Behavioral of vga is
signal clk_25: std_logic;
begin
-----------------------------------------------
div: process (clk_50)
variable v: integer :=0;
variable k: std_logic:='0';
begin
if clk_50'event and clk_50='1' then
v:=v+1;
if (v=1) then
k:= not k;
v:=0;
end if;
end if;
clk_25<=k;
end process;

elsif dir=3 then
xx0:=xx0+4;
xx1:=xx1+4;
elsif dir=4 then
xx0:=xx0-4;
xx1:=xx1-4;
end if;
end if;
xr0<=xx0;
xr1<=xx1;
yr0<=yy0;
yr1<=yy1;
end process;
end Behavioral;

aff: process(clk_25)
variable hc,vc: integer :=0;
begin
if (clk_25'event and clk_25='1') then
hc:=hc+1;
if (hc=800) then
hc:=0;
vc:= vc+1;
end if;
if (vc=521) then
vc:=0;
end if;
if (hc >=1 and hc <= 96 ) then
hs<='0';
else
hs<='1';
end if;
if (vc >=1 and vc <= 2 ) then
vs<='0';
else
vs<='1';
end if;
-----------------------------------
if (
((hc >=xr0 and hc<=xr1) and (vc >= yr0 and vc<=yr1))
or
(hc=155 and (vc >= 31 and vc<=521))or
((hc >=xb0 and hc<=xb1) and (vc >= yb0 and vc<=yb1))
) then
r<='1';
b<='0';
```

```
g<='0';
else
r<='0';
b<='0';
g<='0';
```

Code circuit global

```vhdl
library IEEE;
use IEEE.STD_LOGIC_1164.ALL;
use IEEE.STD_LOGIC_ARITH.ALL;
use IEEE.STD_LOGIC_UNSIGNED.ALL;
entity globalv3 is
    Port ( clk,d,st : in STD_LOGIC;
        r : out STD_LOGIC;
        g : out STD_LOGIC;
        b : out STD_LOGIC;
        ps2d,ps2c : in STD_LOGIC;
        hs : out STD_LOGIC;
        vs : out STD_LOGIC);
end globalv3;
architecture Behavioral of globalv3 is
component pkeyps2 is
    Port ( ps2c : in STD_LOGIC;
        ps2d :in STD_LOGIC;
data : out std_logic_vector (7 downto 0);
f:out std_logic);
end component ;
component raquette is
port (data: in std_logic_vector( 7 downto 0);
xr0,xr1,yr0,yr1: out integer;
clk: in std_logic);
end component;
component vga is
    Port ( clk_50 : in STD_LOGIC;
        hs : out STD_LOGIC;
        vs : out STD_LOGIC;
    r : out std_logic;
        g,b : out std_logic;
    xr0,xr1,yr0,yr1: in integer;
    xb0,xb1,yb0,yb1: in integer );
end component;
```

```
end if;
end if;
end process;
end Behavioral;
```

```vhdl
component ballon is
port (xb0,xb1,yb0,yb1:out integer;
clk,d,fin: in std_logic;
q: in integer);
end component;
component fsm is
    Port ( st: in std_logic;
    xb: in integer;
        yb : in integer;
        xr : in integer;
        yr0,yr1 : in integer;
        d,hold,fin,raz : out STD_LOGIC;
        clk : in STD_LOGIC);
end component;
component compteur is
    Port ( clk,raz : in STD_LOGIC;
        hold : in STD_LOGIC;
    q: out integer);
end component;
signal sdata: std_logic_vector(7 downto 0);
signal    sxr0,sxr1,syr0,syr1,sxb0,sxb1,syb0,syb1,sq: integer;
signal sf,sd,shold,sfin,sraz,stemp: std_logic;
begin
u5:compteur port map (clk,sraz,shold,sq);
u4:  fsm  port map(st,sxb0,syb0,sxr0,syr0,syr1,sd,shold,sfin,sraz,clk);
u0: ballon port map(sxb0,sxb1,syb0,syb1,clk,sd,sfin,sq);
u1:pkeyps2 port map(ps2c,ps2d,sdata,sf);
u2: raquette port map(sdata,sxr0,sxr1,syr0,syr1,sf);
u3:  vga  port  map (clk,hs,vs,r,g,b,sxr0,sxr1,syr0,syr1,sxb0,sxb1,syb0,syb1);
end Behavioral;
```

Application 3 : On désire envoyer une image RGB 80x80 pixels, chaque pixel est codé sur 24 bits (7 pour le rouge ,7 pour bleu, 7 le vert). L'image est envoyée pixel par pixel. En fait pour chaque pixel les 24 bits [Rouge (8 bits), vert (8bits) et bleu (8bits)] sont envoyés en utilisons le port séries (RS232) du PC vers l'FPGA. Ensuite l'FPGA doit afficher l'image reçue sur un autre écran

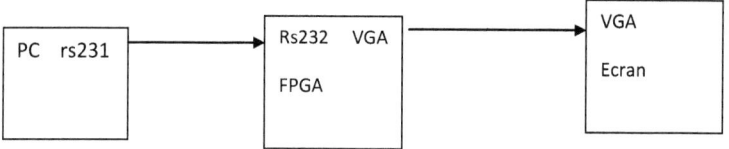

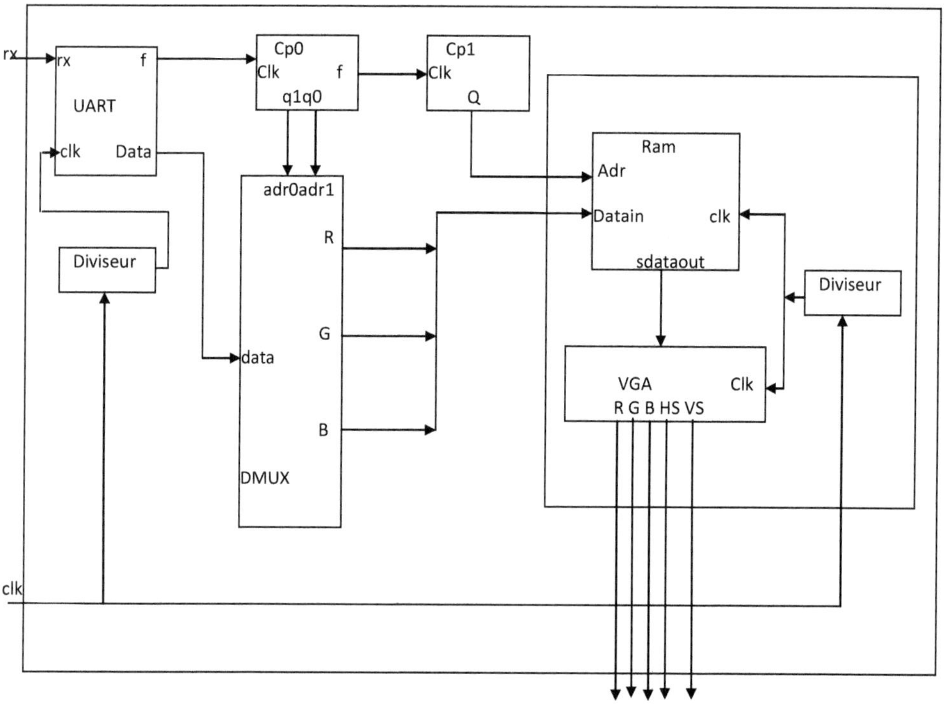

Code de VGA
```
library IEEE;
use IEEE.STD_LOGIC_1164.ALL;
use IEEE.STD_LOGIC_ARITH.ALL;
use IEEE.STD_LOGIC_UNSIGNED.ALL;
entity vga is
    Port ( clk_50 : in  STD_LOGIC;
        hs : out  STD_LOGIC;
        vs : out  STD_LOGIC;
        r,g,b : out STD_LOGIC;
        adrwe : in  STD_LOGIC_VECTOR (13 downto 0);
        q : out   STD_LOGIC_VECTOR (11 downto 0);
        datain : in  STD_LOGIC_VECTOR (23 downto 0)
    );
end vga;
architecture Behavioral of vga is
signal clk_25: std_logic;
signal  sdataout :   STD_LOGIC_VECTOR (23 downto 0);
type sram is array (0 to 6399) of std_logic_vector(23 downto 0);
signal vq :  integer:=0;
signal hc,vc: integer :=0;
signal vram: sram;
begin
------------------------------------------------
div: process (clk_50)
variable v: integer :=0;
variable k: std_logic:='0';
begin
if clk_50'event and clk_50='1' then
v:=v+1;
if (v=1) then
k:= not k;
v:=0;
end if;
end if;
clk_25<=k;
end process;
----------------------
process (clk_25)
begin
if clk_25'event and clk_25='1' then
vram(conv_integer(adrwe))<=datain;
end if;
end process;
----------------
aff: process(clk_25)
begin
if (clk_25'event and clk_25='1') then
hc<=hc+1;
if (hc=800) then
hc<=0;
vc<= vc+1;
end if;
if (vc=521) then
vc<=0;
end if;
if (hc >=1 and hc <= 96 ) then
hs<='0';
else
hs<='1';
end if;
if (vc >=1 and vc <= 2 ) then
vs<='0';
else
vs<='1';
end if;
------------------------
--------------------
if (hc >=200 and hc < 280 and vc >=200 and vc < 280) then
sdataout<=vram(vq);
r<=sdataout(0);
g<=sdataout(8);
b<=sdataout(16);
vq<=vq+1;
else
vq<=vq;
r<='0';
b<='0';
g<='0';
end if;
if vq=6400 then
vq<=0;
end if;
end if;
end process;
 end Behavioral;
```

Code du compteur cmpt1

```
library IEEE;
use IEEE.STD_LOGIC_1164.ALL;
use IEEE.STD_LOGIC_ARITH.ALL;
use IEEE.STD_LOGIC_UNSIGNED.ALL;
entity cmp1 is
   Port ( clk : in STD_LOGIC;
    q:out std_logic_vector (13 downto 0));
end cmp1;
architecture Behavioral of cmp1 is
begin
process(clk)
variable vq: std_logic_vector(13 downto 0):=(others=>'0');
begin
if clk'event and clk='1' then
vq:=vq+1;
if vq="11001000000000" then
vq:=(others=>'0');
end if;
end if;
q<=vq;
end process;
end Behavioral;
```

Code du compteur cmpt0

```
library IEEE;
use IEEE.STD_LOGIC_1164.ALL;
use IEEE.STD_LOGIC_ARITH.ALL;
use IEEE.STD_LOGIC_UNSIGNED.ALL;
entity cmp0 is
   Port ( clk : in STD_LOGIC;
           f:out std_logic;
       q: out std_logic_vector(1 downto 0));
end cmp0;
architecture Behavioral of cmp0 is
begin
process(clk)
variable v: std_logic_vector(1 downto 0):="00";
begin
if clk'event and clk='1' then
v:=v+1;
if (v="11") then
v:="00";
f<='1';
else
f<='0';
end if;
end if;
q<=v;
end process;
end Behavioral;
```

Code du Dmux

```
library IEEE;
use IEEE.STD_LOGIC_1164.ALL;
use IEEE.STD_LOGIC_ARITH.ALL;
use IEEE.STD_LOGIC_UNSIGNED.ALL;
entity dmux is
   Port (data : in STD_LOGIC_VECTOR (7 downto 0);
          ader : in std_logic_vector (1 downto 0);
       r : out STD_LOGIC_VECTOR (7 downto 0);
       g : out STD_LOGIC_VECTOR (7 downto 0);
       b : out STD_LOGIC_VECTOR (7 downto 0));
    end dmux;
architecture Behavioral of dmux is
begin
process(data)
begin
case ader is
when "00"=>
r<=data;
when "01"=>
g<=data;
when "10"=>
b<=data;
when others=>
null;
end case;
end process;
end behavioral
```

Code de l'UART

```vhdl
library IEEE;
use IEEE.STD_LOGIC_1164.ALL;
entity uart_rx is
port (clk,rx: in std_logic;
f: out std_logic;
     data :out std_logic_vector (7 downto 0)
            );
end entity;
architecture arch of uart_rx is
signal sclk,en_im:std_logic:='0';
begin
process (clk)
variable v: integer:=0;
variable k: std_logic:='0';
begin
if clk'event and clk='1' then
v:=v+1;
if (v=2604) then
k:= not k;
v:=0;
end if;
end if;
sclk<=k;
end process;

process (sclk,rx)
     variable v: std_logic_vector (9 downto 0);
     variable i,memo: integer:=0;
     begin
     if rx='0'  and memo= 0 then
        memo:=1;
        elsif ((sclk'event and sclk='1')  and (memo =1)) then
     v:=rx & v(9 downto 1);
     i:=i+1;
        memo:=1;
        f<='0';
        if (i=10) then
        data<=v ( 8 downto 1);
        memo:=0;
        f<='1';
        i:=0;
        end if;
     end if;
  end process;
end architecture ;
```

Code du circuit

```vhdl
library IEEE;
use IEEE.STD_LOGIC_1164.ALL;
use IEEE.STD_LOGIC_ARITH.ALL;
use IEEE.STD_LOGIC_UNSIGNED.ALL;
 entity global is
    Port ( rx : in  STD_LOGIC;
         r : out  STD_LOGIC;
         g : out  STD_LOGIC;
         b : out  STD_LOGIC;
         hs : out  STD_LOGIC;
         vs : out  STD_LOGIC;
         clk : in  STD_LOGIC);

end global;
architecture Behavioral of global is

component uart_rx is
port (clk,rx: in std_logic;
  f: out std_logic;
    data :out std_logic_vector (7 downto 0));
end component;
component compl is
    Port ( clk : in  STD_LOGIC;
           q:out std_logic_vector (13 downto 0));
end component;
component dmux is
    Port ( data : in  STD_LOGIC_VECTOR (7 downto 0);
           ader : in std_logic_vector (1 downto 0);
         r : out  STD_LOGIC_VECTOR (7 downto 0);
         g : out  STD_LOGIC_VECTOR (7 downto 0);
         b : out  STD_LOGIC_VECTOR (7 downto 0));
```

```
  end component;
component comp0 is
  Port ( clk : in STD_LOGIC;
          f:out std_logic;
       q: out std_logic_vector(1 downto 0));
end component;
component vga is
  Port ( clk_50 : in STD_LOGIC;
         hs : out STD_LOGIC;
         vs : out STD_LOGIC;
      r,g,b : out STD_LOGIC;
          adrwe : in STD_LOGIC_VECTOR (13 downto 0);
          datain : in STD_LOGIC_VECTOR (23 downto 0)
              );
end component;

signal sf1,sf2: std_logic;
signal sdata,ssr,ssg,ssb: std_logic_vector(7 downto 0);
signal rr,gg,bb: std_logic_vector(7 downto 0);
signal sadr0: std_logic_vector(1 downto 0);
signal sadr1: std_logic_vector(13 downto 0);
begin
u0: uart_rx port map(clk,rx,sf1,sdata);
u1: dmux port map (sdata,sadr0,ssr,ssg,ssb);
u2: comp0 port map (sf1,sf2,sadr0);
u3: comp1 port map(sf2,sadr1);
u7: vga port map (clk,hs,vs,r,g,b,sadr1,
datain(7 downto 0)=>ssr,datain(15 downto 8)=>ssg,
datain(23 downto 16)=>ssb);
 end Behavioral;
```

Chapitre 9 : **Moteur à courant contenu**

L'objective de ce chapitre est la proposition quelques circuits de commande d'un moteur à courant à courant contenu avec la technique modulation de largeur d'impulsions (MLI). Le moteur est à commander par le PC et l'FPGA. Pour atteindre cet objectif le PC va commander l'FPGA et ce dernier va commander un circuit (**pont en H**) dans notre cas c'est le circuit L293D.

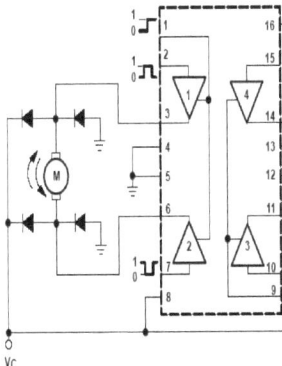

Application 1 : on désir commander un moteur à courant contenu dans deux sens, le sens est commander par la commande "dir". De plus selon les entrées A1, A0 on attribue une vitesse, quatre vitesses sont possibles. Dans cette application la période MLI est 50 ms

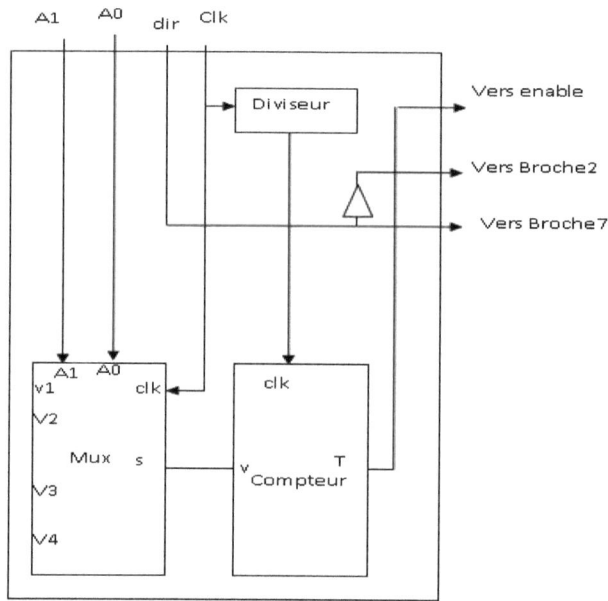

Code VHDL de mux

```
library IEEE;
use IEEE.STD_LOGIC_1164.ALL;
use IEEE.STD_LOGIC_ARITH.ALL;
use IEEE.STD_LOGIC_UNSIGNED.ALL;
entity mux is
   Port ( adr : in  STD_LOGIC_VECTOR (1 downto 0);
          clk : in std_logic ;
  s: out integer );
end mux;
architecture Behavioral of mux is
constant v1: integer:=2;
constant v2: integer:=12;
constant v3: integer:=15;
constant v4: integer:=18;
begin
process (clk)
begin
   if clk'event and clk='1' then
      case adr is
         when "00"=>
            s<=v1;
         when "01"=>
            s<=v2;
         when "10"=>
            s<=v3;
         when "11"=>
            s<=v4;
         when others=>
            null;
      end case;
   end if;
end process;
end Behavioral;
```

Code VHDL de compteur

```vhdl
library IEEE;
use IEEE.STD_LOGIC_1164.ALL;
use IEEE.STD_LOGIC_ARITH.ALL;
use IEEE.STD_LOGIC_UNSIGNED.ALL;
entity compteur is
    Port ( clk : in  STD_LOGIC;
           t : out  STD_LOGIC;
    v: in  integer);
end compteur;
architecture Behavioral of compteur is
constant max: integer:=20
begin
process (clk)
variable i: integer:=0;
begin
    if clk'event and clk='1' then
        if (i<= v) then
            t<='0';
        elsif (i>v) then
            t<='1';
        end if;
        if i=max then
            i:=0;
        else
            i:=i+1;
        end if;
    end if;
end process;
end Behavioral;
```

Code VHDL de l'inverseur

```vhdl
library IEEE;
use IEEE.STD_LOGIC_1164.ALL;
use IEEE.STD_LOGIC_ARITH.ALL;
use IEEE.STD_LOGIC_UNSIGNED.ALL;
entity invv is
    Port ( a : in  STD_LOGIC;
           b : out  STD_LOGIC);
end invv;
architecture Behavioral of invv is
begin
process (a)
begin
    b<= not a;
end process;
end Behavioral;
```

Code VHDL du diviseur

```vhdl
library IEEE;
use IEEE.STD_LOGIC_1164.ALL;
use IEEE.STD_LOGIC_ARITH.ALL;
use IEEE.STD_LOGIC_UNSIGNED.ALL;
entity diviseur is
    Port ( clk : in  STD_LOGIC;
           clkout : out  STD_LOGIC);
end diviseur ;
architecture Behavioral of diviseur is
begin
process (clk)
variable k: std_logic:='0';
variable v: integer:=0;
begin
    if clk'event and clk='1' then
        if (v=25000) then -- 1 khz pour une fréquence 50 Mhz
            k:= not k;
            v:=0;
        else
            v:=v+1;
        end if;
    end if;
    clkout<=not k;
end process;
end Behavioral;
```

Code VHDL du circuit global

```vhdl
library IEEE;
use IEEE.STD_LOGIC_1164.ALL;
use IEEE.STD_LOGIC_ARITH.ALL;
use IEEE.STD_LOGIC_UNSIGNED.ALL;
entity cir_commade is
    Port ( clk,dir :in  STD_LOGIC;
           adr: std_logic_vector (1 downto 0);
           broche2 : out STD_LOGIC;
           broche7 : out STD_LOGIC;
     enable: out std_logic);
end cir_commade;
architecture Behavioral of cir_commade is
component mux is
   Port ( adr : in STD_LOGIC_VECTOR (1 downto 0);
          clk : in std_logic ;
          s: out integer );
end component;
component compteur is
    Port ( clk : in STD_LOGIC;
           t : out STD_LOGIC;
     v: in  integer );
end component;
component diviseur  is
    Port ( clk : in  STD_LOGIC;
           clkout : out STD_LOGIC);
end component ;
component dmux is
    Port ( a,clk : in  STD_LOGIC;
           i : in  STD_LOGIC;
           s0 : out  STD_LOGIC;
           s1 : out  STD_LOGIC);
end component;
component tflipflop is
    Port ( clk : in  STD_LOGIC;
           q : out  STD_LOGIC);
end component ;
component blc_and is
    Port ( a : in  STD_LOGIC;
           b : in  STD_LOGIC;
           c : in  STD_LOGIC;
           d : in  STD_LOGIC;
           s1 : out  STD_LOGIC;
           s2 : out  STD_LOGIC);
end component ;
component invv is
    Port ( a: in std_logic;
           b: out std_logic);
end component ;
  signal s_data : std_logic_vector(7 downto 0);
  signal sa : STD_LOGIC_VECTOR (1 downto 0);
  signal sdir,sclk std_logic;
  signal SV:  integer ;
begin
u1: mux port map (adr,clk,sV);
u2: compteur port map (sclk,enable,SV);
u3: diviseur port map (clk,sclk);
u7: invv port map (dir, sdir);
broche2<=dir;
broche7<=sdir;
end Behavioral;
```

commande d'un moteur à courant contenu (application 2)

L'objective de cette application est la proposition d'un circuit de commande d'un moteur à courant contenu avec la technique modulation de largeur d'impulsions (MLI) à l'aide de la souris, le bouton "dir "pour changer la direction de la moteur . Les commandes envoyées par la souris

Bouton gauche	Augmentation de la vitesse
Bouton droit	Diminution avec la vitesse

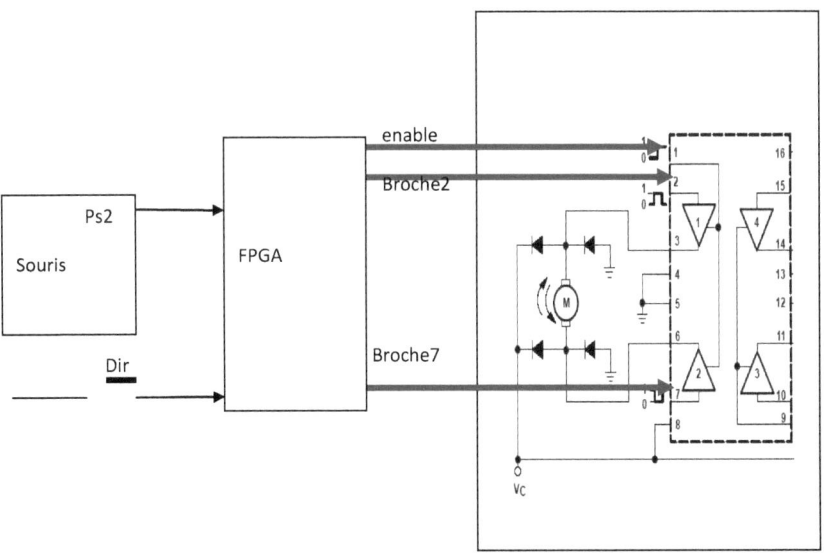

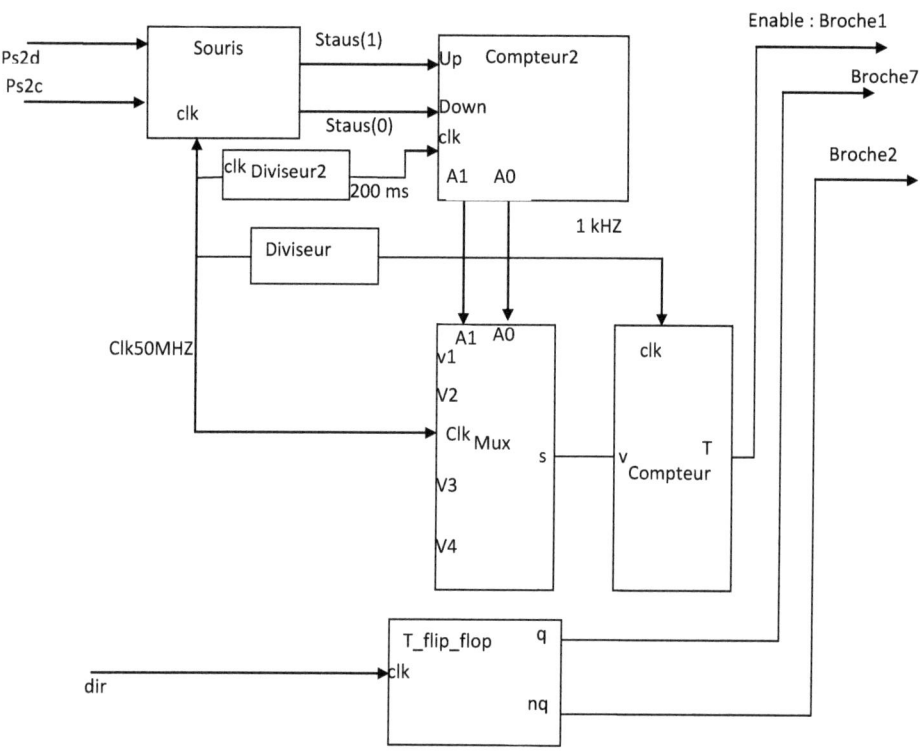

Code VHDL de pilote de la souris

```
liBRARY ieee;
USE ieee.std_logic_1164.ALL;
USE ieee.numeric_std.ALL;
use ieee.std_logic_unsigned.all;

ENTITY souris_ps2 IS
 PORT (
   clk    : IN  std_ulogic;
   data   : OUT std_logic_vector (7 DOWNTO 0);
   ps2d   : INOUT std_logic;
   ps2c   : INOUT std_logic);
END entity;

ARCHITECTURE arch OF souris_ps2 IS
signal clk25,ps2cf,ps2de,ps2ds,dir_clk,ps2ce: std_logic;
signal dir_data: std_logic_vector ( 1 downto 0);
signal   st_tempo,fin_tempo,st_emission,fin_emission:
std_logic;
signal st_reception,fin_reception,calculer: std_logic;
SIGNAL mouvement_h,mouvement_v:std_logic_vector(7
DOWNTO 0):=(others=>'0');
signal position_h, position_v  : std_logic_vector (7
DOWNTO 0):=(others=>'0');
signal status : std_logic_vector(7 DOWNTO 0);
TYPE t_etat IS (debut, tempo, rts, emission,
           reception, calcul);
 SIGNAL ep:t_etat:=debut;
 signal es:t_etat;

begin
```

```vhdl
separation:process (ps2de,ps2d,ps2c)
 begin
 if dir_data="00" then
 ps2d<='0';
 elsif dir_data="01" then
 ps2d<=ps2ds;
 elsif dir_data="10" then
 ps2d<='Z';
 end if;
 if dir_clk='1' then
 ps2c<='0';
 else
 ps2c<='Z';
 end if;
 ps2ce <= ps2c ;
 ps2de <=ps2d;
 end process;

temporisation: PROCESS (clk)

 VARIABLE v : natural :=0;
 BEGIN
  if rising_edge(clk) then
 if st_tempo='1' THEN
                 if (v=5000) then
        fin_tempo<='1';
        v:=0;
        else
        fin_tempo<='0';
        v:=v+1;
        end if;
        end if;
        end if;

          END PROCESS ;

emetteur: PROCESS(st_emission, ps2ce)
   VARIABLE i : natural :=0;
   VARIABLE registre : std_logic_vector(9 DOWNTO 0):=(others=>'0') ;
   CONSTANT mot_f4 : std_logic_vector(9 DOWNTO 0) := "1011110100";
  BEGIN
    IF st_emission = '0' THEN
      registre := mot_f4;
      i := 0;
    ELSIF falling_edge(ps2ce) THEN
      ps2ds <= registre(0);
                  registre := '0' & registre( 9 downto 1);
      i:= i + 1;
       IF i = 10 THEN
      fin_emission <= '1';
                    i:=0;
    else
      fin_emission <= '0';
   end if;
          end if;
 END PROCESS ;

    recep : PROCESS(st_reception,ps2ce)
 variable i,j: integer:=0;
  variable  registre: std_logic_vector(32 DOWNTO 0):=(others=>'0');
 variable   v:    std_logic_vector(7   DOWNTO 0):="00000000";
 variable f,st: std_logic:='0';
  BEGIN
    IF st_reception ='0' then
          fin_reception<='0';
            ELSIF rising_edge(ps2ce)  THEN
      registre:=ps2de & registre(32 downto 1);
         i:=i+1;
      if (i=46) then
      status<=registre(8 downto 1);
      mouvement_v<=registre(30 downto 23);
      mouvement_h<=registre(19 downto 12);
      fin_reception<='1';
            end if;
      
      if (i>46) then
      if j=32  then
     status<=registre(8 downto 1);
      mouvement_v<=registre(30 downto 23);
      mouvement_h<=registre(19 downto 12);
      j:=0;
      fin_reception<='1';
  else
      j:=j+1 ;
      fin_reception<='0';
            end if;
      end if;
      end if;
```

```vhdl
        END PROCESS ;
---------------------------------------------------------
cal : PROCESS(calculer,clk)
BEGIN
if rising_edge(clk) then
IF (calculer='1') THEN
data<=status;
end if;
END IF;
END PROCESS;
---------------------------------------------------------
---------------------------------------------------
FSM_etat: PROCESS
  BEGIN  -- PROCESS sequenceur
    WAIT UNTIL rising_edge(clk);  -- synchrone
        CASE ep IS
        WHEN debut => es <= tempo;
        WHEN tempo => IF fin_tempo = '1' THEN
                es <= rts;
            elsif fin_tempo='0' then
            es<=tempo;
                END IF;
        WHEN rts => es <= emission;
        WHEN emission => IF fin_emission = '1' THEN
                es <= reception;
elsif fin_emission='0' then
es<=emission;
                END IF;
        WHEN reception => IF fin_reception = '1' THEN
                es <= calcul;
elsif fin_reception='0' then
            es<=reception;
                END IF;
        WHEN calcul =>  es <= reception;
    END CASE;
            ep<=es;
  END PROCESS ;
---------------------------------------------------------
fsm_output: process (ep)
 begin
  case ep is
when debut=>
st_tempo<='0';
dir_clk<='0';
st_emission<='0';
dir_data<="10";
st_reception<='0';
calculer<='0';
-----------------------
when tempo=>
st_tempo<='1';
dir_clk<='1';
st_emission<='0';
dir_data<="10";
st_reception<='0';
calculer<='0';
-----------------------
when emission=>
st_tempo<='0';
dir_clk<='0';
st_emission<='1';
dir_data<="01";
st_reception<='0';
calculer<='0';
--------------------------
when rts=>
st_tempo<='0';
dir_clk<='0';
st_emission<='0';
dir_data<="00";
st_reception<='0';
calculer<='0';
------------------------------
when reception =>
st_tempo<='0';
dir_clk<='0';
st_emission<='0';
dir_data<="10";
st_reception<='1';
calculer<='0';
--------------------
when calcul=>
st_tempo<='0';
dir_clk<='0';
st_emission<='0';
dir_data<="10";
st_reception<='0';
calculer<='1';
 end case ;

 end process;
-----------------------------------

END arch;
```

Code compteur2

```vhdl
library IEEE;
use IEEE.STD_LOGIC_1164.ALL;
use IEEE.STD_LOGIC_ARITH.ALL;
use IEEE.STD_LOGIC_UNSIGNED.ALL;
entity compteur2 is
    Port ( up,clk : in  STD_LOGIC;
           down : in  STD_LOGIC;
           v : out std_logic_vector(1 downto 0));
end compteur2;
architecture Behavioral of compteur2 is
begin
process(clk)
variable sv: std_logic_vector(1 downto 0):="00";
begin
if clk'event and clk='1' then
if up='1' then
if sv="11" then
sv:=sv;
else
sv:=sv+1;
end if;
elsif down='1' then
if sv="00" then
sv:=sv;
else
sv:=sv-1;
end if;
end if;
end if;
v<=sv;
end process;

end Behavioral;
```

Code mux

```vhdl
library IEEE;
use IEEE.STD_LOGIC_1164.ALL;
use IEEE.STD_LOGIC_ARITH.ALL;
use IEEE.STD_LOGIC_UNSIGNED.ALL;
entity mux is
    Port ( adr : in  STD_LOGIC_VECTOR (1 downto 0);
           clk : in std_logic ;
            s: out integer );
end mux;
architecture Behavioral of mux is
constant v1: integer:=2;
constant v2: integer:=12;
constant v3: integer:=15;
constant v4: integer:=18;
begin
process (clk)
begin
if clk'event and clk='1' then
case adr is
when "00"=>
s<=v1;
when"01"=>
s<=v2;
when "10"=>
s<=v3;
when "11"=>
s<=v4;
when others=>
null;
end case;
end if;
end process;
end Behavioral;
```

Code de diviseur

```vhdl
library IEEE;
use IEEE.STD_LOGIC_1164.ALL;
use IEEE.STD_LOGIC_ARITH.ALL;
use IEEE.STD_LOGIC_UNSIGNED.ALL;
entity diviseur  is
    Port ( clk : in  STD_LOGIC;
       clkout : out  STD_LOGIC);
end diviseur ;
   architecture Behavioral of diviseur  is
begin
process (clk)
variable k: std_logic:='0';
variable v: integer:=0;
begin
```

```
if clk'event and clk='1' then
if (v=25000) then
k:= not k;
v:=0;
else
v:=v+1;
end if;
end if;
clkout<=not k;
end process;
end Behavioral;
```

Code de diviseur2

```
library IEEE;
use IEEE.STD_LOGIC_1164.ALL;
use IEEE.STD_LOGIC_ARITH.ALL;
use IEEE.STD_LOGIC_UNSIGNED.ALL;
entity diviseur2 is
   Port ( clk : in  STD_LOGIC;
     clkout : out  STD_LOGIC);
end diviseur2 ;
architecture Behavioral of diviseur2 is
begin
process (clk)
variable k: std_logic:='0';
variable v: integer:=0;
begin
if clk'event and clk='1' then
if (v=5000000) then
k:= not k;
v:=0;
else
v:=v+1;
end if;
end if;
clkout<=not k;
end process;
end Behavioral;
```

Code compteur

```
library IEEE;
use IEEE.STD_LOGIC_1164.ALL;
use IEEE.STD_LOGIC_ARITH.ALL;
use IEEE.STD_LOGIC_UNSIGNED.ALL;
entity compteur is
   Port ( clk : in  STD_LOGIC;
       t : out  STD_LOGIC;
    v: in  integer);
end compteur;

architecture Behavioral of compteur is
constant max: integer:=20;
begin
process (clk)
variable i: integer:=0;
begin
if clk'event and clk='1' then
if (i<= v) then
t<='0';
elsif (i>v) then
t<='1';
end if;
if i=max then
i:=0;
else
i:=i+1;
end if;
end if;
end process;
end Behavioral;
;
```

Code t_flip_flop

```
library IEEE;
use IEEE.STD_LOGIC_1164.ALL;
use IEEE.STD_LOGIC_ARITH.ALL;
use IEEE.STD_LOGIC_UNSIGNED.ALL;
entity t_flip_flop is
    Port (clk: in  STD_LOGIC;
```

```
        q,nq : out  STD_LOGIC);
end t_flip_flop;
architecture Behavioral of t_flip_flop is
begin
process (clk)
variable v: std_logic:='0';
begin
```

Code du circuit

```
library IEEE;
use IEEE.STD_LOGIC_1164.ALL;
use IEEE.STD_LOGIC_ARITH.ALL;
use IEEE.STD_LOGIC_UNSIGNED.ALL;
entity cir_gl is
    Port ( ps2d : inout  STD_LOGIC;
        ps2c : inout  STD_LOGIC;
                     clk,dir: in std_logic;
        enable . out STD_LOGIC;
        broche2 : out  STD_LOGIC;
        broche7 : out  STD_LOGIC);
end cir_gl;
architecture Behavioral of cir_gl is
component souris_ps2 IS
  PORT (
    clk        : IN    std_ulogic;
    data       : OUT std_logic_vector (7 DOWNTO 0);
    ps2d       : INOUT std_logic;
    ps2c       : INOUT std_logic);
END component;
component diviseur  is
  Port ( clk : in  STD_LOGIC;
     clkout : out  STD_LOGIC);
end component ;
component compteur is
  Port ( clk : in  STD_LOGIC;
         t : out  STD_LOGIC;
   v: in integer);
end component;
component invv is
  Port ( a : in  STD_LOGIC;
         b : out  STD_LOGIC);
end component;

if clk'event and clk='1' then
v:= not v;
end if;
q<=v;
nq<= not v;
end process;
end Behavioral;


component compteur2 is
   Port ( up,clk : in  STD_LOGIC;
          down : in  STD_LOGIC;
          v : out std_logic_vector(1 downto 0));
end component;
component mux is
    Port ( adr : in  STD_LOGIC_VECTOR (1 downto 0);
           clk : in std_logic ;
           s: out integer );
end component;
component diviseur2  is
    Port ( clk : in  STD_LOGIC;
       clkout : out  STD_LOGIC);
end component ;

component t_flip_flop is
    Port (clk: in  STD_LOGIC;
        q,nq : out  STD_LOGIC);
end component;
signal s_data: std_logic_vector (7 downto 0);
signal sclk,sclk1: std_logic;
signal sv: integer;
signal sa: std_logic_vector (1 downto 0);
begin
u1: souris_ps2 port map (clk,s_data,ps2d,ps2c);
u2: diviseur port map (clk,sclk);
u3: compteur port map (sclk,enable,sv);
u4: diviseur2 port map (clk,sclk1);
u5: compteur2 port map (s_data(1),sclk1,s_data(0),sa);
u6: mux port map (sa,clk,sv);
u7:t_flip_flop port map (m,broche7,broche2);
end Behavioral;
```

Commande d'un moteur à courant contenu (application 3)

L'objective de ce chapitre est la proposition d'un circuit de commande d'un moteur à courant à courant contenu avec la technique modulation de largeur d'impulsions (MLI). Le moteur est à commander par le PC. Pour atteindre cet objectif le PC va commander l'FPGA et ce dernier va commander un circuit (**pont en H**) dans notre cas c'est le circuit L293D.

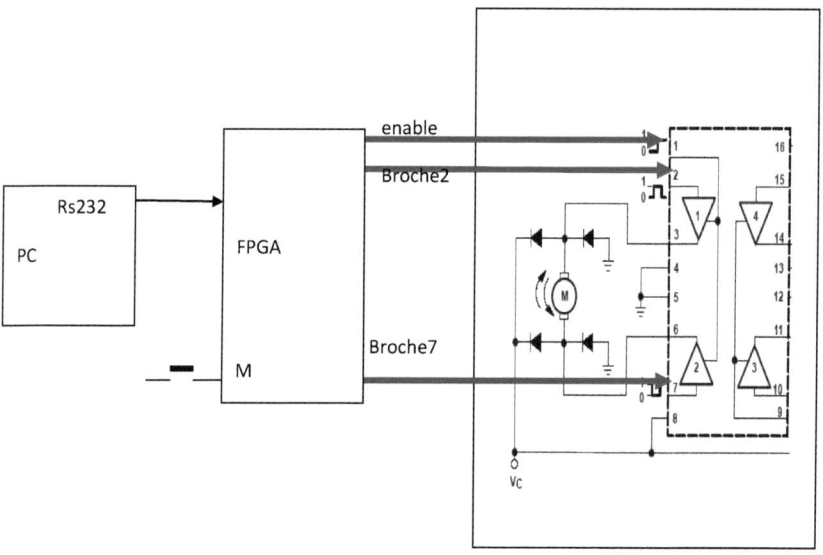

Les commandes envoyées par le PC sont

Touche appuyée	1	Rotation avec la vitesse 1
	2	Rotation avec la vitesse 2
	3	Rotation avec la vitesse 3
	4	Rotation avec la vitesse 4

C'est-à-dire pour tourner le moteur à gauche avec une vitesse V1, il faut appuyer 1. En plus l'arrêt et le fonctionnent de la moteur est commandé par un bouton poussoir marche "M"

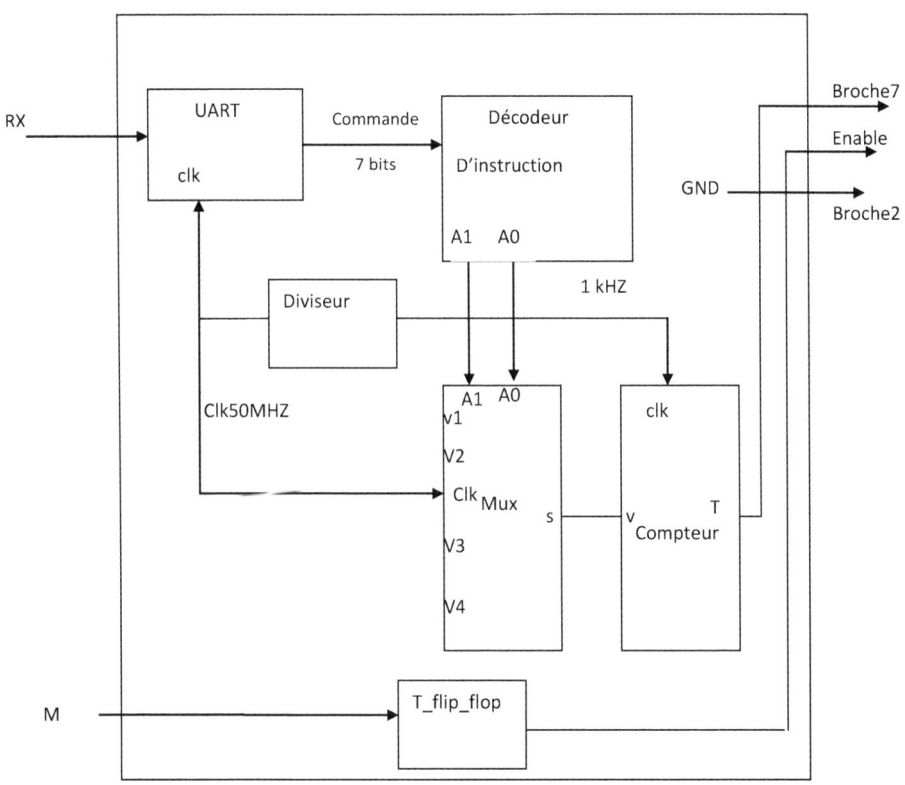

Code VHDL UART

```
library IEEE;
use IEEE.STD_LOGIC_1164.ALL;
entity uart_rx is
port (clk,rx: in std_logic;
      data : out std_logic_vector (7 downto 0));
end entity;
architecture arch of uart_rx is
signal sclk : std_logic:='0';
begin
process (clk)
variable v: integer:=0;
variable k: std_logic:='0';
begin
if clk'event and clk='1' then
    v:=v+1;
    if (v=2604) then
        k:= not k;
        v:=0;
    end if;
end if;
sclk<=k;
end process;
process (sclk)
    variable v: std_logic_vector ( 9 downto 0);
    variable i,memo: integer:=0;
    begin
        if rx='0' and memo= 0 then
            memo:=1;
```

```vhdl
        elsif ((sclk'event and sclk='1') and (memo =1))
then
        v:=rx & v(9 downto 1);
        i:=i+1;
        if (i=10) then
          i:=0;
          data<= v ( 8 downto 1);
          v:="ZZZZZZZZZZ";
            memo:=0;
          end if;
        end if;

    end process;
    end arch;
```

Code décodeur d'instruction

```vhdl
library IEEE;
 use IEEE.STD_LOGIC_1164.ALL;
Entity dec_ins is
Port (data : in std_logic_vector(7 downto 0) ;
A: out std_logic_vector(1 downto 0));
End entity;
Architecture arch of dec_ins is
begin
process (data)
begin
case data is
when "00110001"=>
    A<="00";
when "00110010"=>
    A<="01";
when "00110011"=>
    A<="10";
when "00110100"=>
    A<="11";
when others=>
    null;
end case;
end process;
end arch;
```

Code mux

```vhdl
library IEEE;
use IEEE.STD_LOGIC_1164.ALL;
use IEEE.STD_LOGIC_ARITH.ALL;
use IEEE.STD_LOGIC_UNSIGNED.ALL;
entity mux is
    Port ( adr : in STD_LOGIC_VECTOR (1 downto 0);
         clk : in std_logic ;
         s: out integer );
end mux;
architecture Behavioral of mux is
constant v1: integer:=2;
constant v2: integer:=12;
constant v3: integer:=15;
constant v4: integer:=18;
begin
process (clk)
begin
if clk'event and clk='1' then
case adr is
when "00"=>
    s<=v1;
when "01"=>
    s<=v2;
when "10"=>
    s<=v3;
when "11"=>
    s<=v4;
when others=>
    null;
end case;
end if;
end process;
end Behavioral;
```

Code du diviseur

```vhdl
library IEEE;
use IEEE.STD_LOGIC_1164.ALL;
use IEEE.STD_LOGIC_ARITH.ALL;
use IEEE.STD_LOGIC_UNSIGNED.ALL;
entity diviseur is
    Port ( clk : in  STD_LOGIC;
```

```vhdl
        clkout : out  STD_LOGIC);
end diviseur ;
 architecture Behavioral of diviseur  is
begin
process (clk)
variable k: std_logic:='0';
variable v: integer:=0;
begin
if clk'event and clk='1' then
if (v=25000) then
```

k:= not k;
v:=0;
else
v:=v+1;
end if;
end if;
clkout<=not k;
end process;
end Behavioral;

Code compteur

```vhdl
library IEEE;
use IEEE.STD_LOGIC_1164.ALL;
use IEEE.STD_LOGIC_ARITH.ALL;
use IEEE.STD_LOGIC_UNSIGNED.ALL;
entity compteur is
   Port ( clk : in  STD_LOGIC;
          t : out  STD_LOGIC;
      v: in  integer);
end compteur;

architecture Behavioral of compteur is
constant max: integer:=20;
begin
process (clk)
variable i: integer:=0;
begin
```

if clk'event and clk='1' then
if (i<= v) then
t<='0';
elsif (i>v) then
t<='1';
end if;
if i=max then
i:=0;
else
i:=i+1;
end if;
end if;
end process;
end Behavioral;
;

Code ttflip_flop

```vhdl
library IEEE;
use IEEE.STD_LOGIC_1164.ALL;
use IEEE.STD_LOGIC_ARITH.ALL;
use IEEE.STD_LOGIC_UNSIGNED.ALL;
entity t_flip_flop is
   Port ( clk : in  STD_LOGIC;
          q : out  STD_LOGIC);
end t_flip_flop;

architecture Behavioral of t_flip_flop is
```

begin
process(clk)
variable v: std_logic:='0';
begin
if clk'event and clk='1' then
v:=not v;
end if;
q<=v;
end process;
end Behavioral;

Code du circuit

```vhdl
library IEEE;
use IEEE.STD_LOGIC_1164.ALL;
use IEEE.STD_LOGIC_ARITH.ALL;
use IEEE.STD_LOGIC_UNSIGNED.ALL;
```

entity cir_commade is
   Port (clk,rx,m: in STD_LOGIC;
          ps2d,ps2c: inout std_logic;
          broche2,broche7,enable : out STD_LOGIC

```vhdl
        );
end cir_commade;

architecture Behavioral of cir_commade is

component mux is
   Port ( adr : in STD_LOGIC_VECTOR (1 downto 0);
          clk : in std_logic ;
          s: out integer );
end component;
component compteur is
   Port ( clk : in STD_LOGIC;
          t : out STD_LOGIC;
          v: in  integer );
end component;
component diviseur is
   Port ( clk : in STD_LOGIC;
          clkout : out STD_LOGIC);
end component ;
component dec_ins is
Port (data : in std_logic_vector(7 downto 0) ;
A: out std_logic_vector(1 downto 0));

End component;
component uart_rx is
;
    port (clk,rx: in std_logic;
          data : out std_logic_vector (7 downto 0));
end component;
component t_flip_flop is
    Port ( clk : in  STD_LOGIC;
           q : out STD_LOGIC);
end component;

signal s_data1,s_data2 : std_logic_vector(7 downto 0);
signal sa :  STD_LOGIC_VECTOR (1 downto 0);
signal sinv,ST,sclk,sq: std_logic;
signal SV: integer ;
signal sbr2,sbr7: std_logic;
begin

u1: uart_rx port map (clk,rx,s_data1);
u2:dec_ins port map (s_data1,sa);
u3: mux port map (sa,clk,sv);
u4: diviseur port map (clk,sclk);
u5: compteur port map(sclk,st,sv);
u6: t_flip_flop port map (m,sq);
broche7<=st;
enable<=sq;
broche2<='0';
end Behavioral;
```

Commande d'un moteur à courant contenu (application 4)

On désir concevoir une carte de commande d'un moteur à courant contenu. Cette carte a cinq entrées de commande. M (marche) pour déclencher le système, s_dir pour choisir le sens directe, s_inv pour choisir le sens inverse, ch_dir pour changer le sens de rotation, stop pour arrêté le système. Initialement, le système est aux repos, si on appuie sur le bouton M le system entre dans un état d'attend qui dure cinq secondes. Dans cet état l'utilisateur doit entrer le temps de rotation, codé sur 4 bits et mesuré en seconde, ainsi que le sens de rotation. Si pendant cinq secondes l'utilisateur n'as pas choisi le sens de rotation et le temps de rotation, le système revient automatiquement à l'état de repos. Également, cette carte permet à l'utilisateur de changer le sens de rotation du moteur, en fait en appuyant sur le bouton ch_dir la carte stoppe le moteur pendant un cinq secondes, puis elle inverse son sens de rotation.

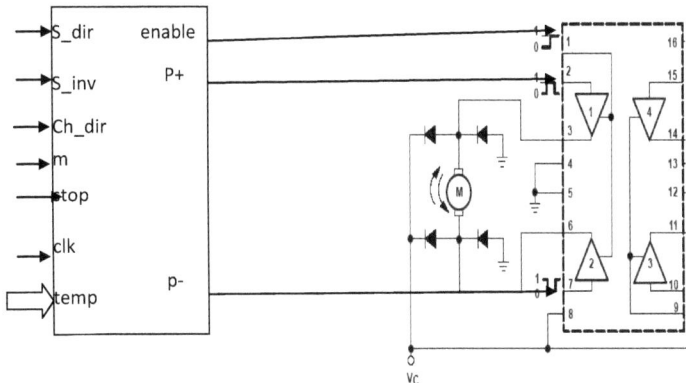

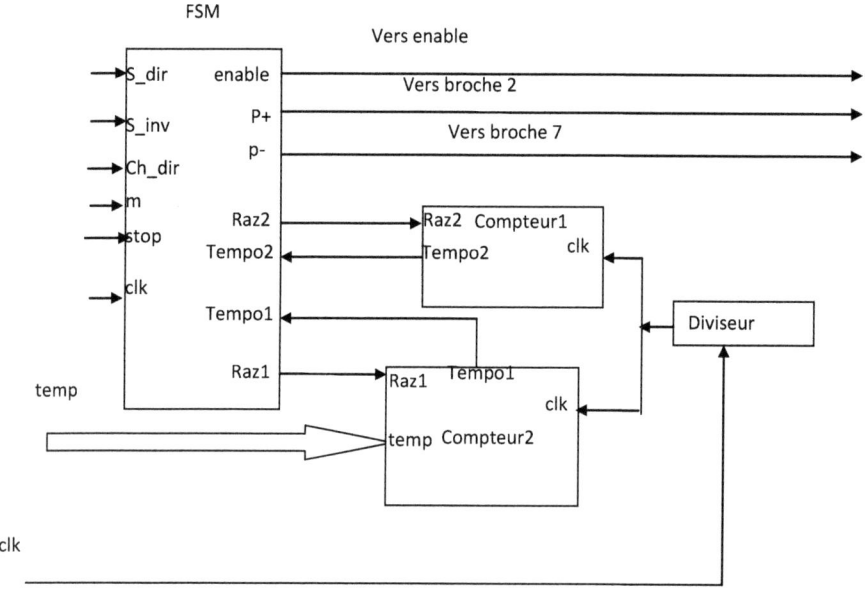

Code VHDL de l' FSM

```
library IEEE;
use IEEE.STD_LOGIC_1164.ALL;
use IEEE.STD_LOGIC_ARITH.ALL;
use IEEE.STD_LOGIC_UNSIGNED.ALL;
entity fsm is
  Port ( clk : in STD_LOGIC;
     led : out STD_LOGIC;
     pp,raz1,raz2 : out STD_LOGIC;
     pm : out STD_LOGIC;
     s_r,ch_d : in STD_LOGIC;
     s_l,m : in STD_LOGIC;
     stop,tempo1, tempo2 : in STD_LOGIC);
  end fsm;
architecture Behavioral of fsm is
type state is (idell, waiting, left, right,idel2) ;
signal tl, tr: std_logic;
signal ep: state:= idell;
signal es: state;
begin
process (clk)
begin
if clk'event and clk='1' then
case ep is
----------------------------------------
when idell=>
led<='0';
pm<='0';
pp<='0';
raz1<='1';
raz2<='1';
tl<='0';
tr<='0';
if m='1' then
es<=waiting;
elsif m='0' then
es<=idell;
end if;
----------------------------------------
when waiting=>
led<='1';
```

```
pm<='0';
pp<='0';
razl<='1';
raz2<='0';
tl<='0';
tr<='0';
if s_r='1' then
es<=right;
elsif s_l='1' then
es<=left;
elsif tempo2='1' then
es<=idel1;
else
es<=waiting;
end if;
---------------------------------------
when right=>
led<='0';
pm<='0';
pp<='1';
razl<='0';
raz2<='1';
tl<='0';
tr<='1';
if ((stop or tempo1)='1') then
es<= idel1;
elsif ch_d='1' then
es<=idel2;
else
es<=right;
end if;
---------------------------------------
when left=>
led<='0';
```

```
pm<='1';
pp<='0';
razl<='0';
raz2<='1';
tr<='0';
tl<='1';
if ((stop or tempo1)='1') then
es<= idel1;
elsif ch_d='1' then
es<=idel2;
else
es<=left;
end if;
---------------------------------------
when idel2=>
led<='1';
pm<='0';
pp<='0';
razl<='1';
raz2<='0';
if ((tr and tempo2) ='1') then
es<=left;
elsif ((tl and tempo2 )='1') then
es<=right;
else
es<=idel2;
end if;
---------------------------------------
end case;
end if;
ep<=es;
end process;
end Behavioral;
```

Code VHDL du diviseur

```
library IEEE;
use IEEE.STD_LOGIC_1164.ALL;
use IEEE.STD_LOGIC_ARITH.ALL;
use IEEE.STD_LOGIC_UNSIGNED.ALL;
entity diviseur is
   Port ( clk : in  STD_LOGIC;
        clk_out : out STD_LOGIC);
end diviseur;
architecture Behavioral of diviseur is
begin
process (clk)
```

```
variable k: std_logic:='0';
variable v: integer:=0;
begin
if clk'event and clk='1' then
if (v=25*10**6) then
k:= not k;
v:=0;
else
v:=v+1;
end if;
end if;
```

```
clk_out<=k;
end process;
```

Code VHDL du compteur 1

```
library IEEE;
use IEEE.STD_LOGIC_1164.ALL;
use IEEE.STD_LOGIC_ARITH.ALL;
use IEEE.STD_LOGIC_UNSIGNED.ALL;
entity compt1 is
    Port ( clk,raz : in STD_LOGIC;
        temp : in STD_LOGIC_VECTOR (3 downto 0);
        t : out STD_LOGIC);
end compt1;
architecture Behavioral of compt1 is
begin
process (clk,raz)
variable v: std_logic_vector (3 downto 0):="0000";
begin
if raz='1' then
    v:="0011";
    t<='0';
elsif clk'event and clk='1' then
    if (v=temp) then
        t<='1';
        v:="0000";
    else
        t<='0';
        v:=v+1;
    end if;
end if;
end process;
end Behavioral;
```

Code VHDL du compteur 2

```
library IEEE;
use IEEE.STD_LOGIC_1164.ALL;
use IEEE.STD_LOGIC_ARITH.ALL;
use IEEE.STD_LOGIC_UNSIGNED.ALL;
entity compt2 is
    Port ( raz : in STD_LOGIC;
        clk : in STD_LOGIC;
        t : out STD_LOGIC);
end compt2;
architecture Behavioral of compt2 is
begin
process (clk,raz)
variable v: std_logic_vector (3 downto 0):="0000";
begin
if raz='1' then
    v:="0000";
    t<='0';
elsif clk'event and clk='1' then
    if (v="0101") then
        t<='1';
        v:="0000";
    else
        t<='0';
        v:=v+1;
    end if;
end if;
end process;
end Behavioral;
```

Code VHDL du circuit de commande

```
library IEEE;
use IEEE.STD_LOGIC_1164.ALL;
use IEEE.STD_LOGIC_ARITH.ALL;
use IEEE.STD_LOGIC_UNSIGNED.ALL;

entity command_g is
    Port ( clk : in STD_LOGIC;
        pp : out STD_LOGIC;
        pm : out STD_LOGIC;
        led,enable : out STD_LOGIC;
        temp : in STD_LOGIC_VECTOR (3 downto 0);
        sleft,m : in STD_LOGIC;
        sright : in STD_LOGIC;
        stop : in STD_LOGIC;
```

```vhdl
       chdir : in STD_LOGIC);
end command_g;

architecture Behavioral of command_g is

component fsm is
   Port ( clk : in STD_LOGIC;
       led : out STD_LOGIC;
       pp,raz1,raz2 : out STD_LOGIC;
       pm : out STD_LOGIC;
       s_r,ch_d : in STD_LOGIC;
       s_l,m : in STD_LOGIC;
     stop,tempo1, tempo2 : in STD_LOGIC);
       end component;
component diviseur is
   Port ( clk : in STD_LOGIC;
       clk_out : out STD_LOGIC);
end component;
component compt1 is
   Port ( clk,raz : in STD_LOGIC;
       temp : in STD_LOGIC_VECTOR (3 downto 0);
       t : out STD_LOGIC);
end component;
component compt2 is
   Port ( raz : in STD_LOGIC;
       clk : in STD_LOGIC;
       t : out STD_LOGIC);
end component;

signal sclk,sraz1,sraz2,stempo1,stempo2: std_logic;
begin
u1:            fsm         port         map
(clk,led,pp,sraz1,sraz2,pm,sright,chdir,sleft,m,
stop,stempo1,stempo2);
u2: diviseur port map (clk,sclk);
u3: compt1 port map(sclk,sraz1,temp,stempo1);
u4: compt2 port map (sraz2,sclk,stempo2);
enable<='1';
end Behavioral;
```

Chapitre 10 : Afficheur LCD

Un afficheur LCD est caractérisé par le nombre de lignes, ainsi que le nombre de caractères : 2 lignes 16 caractères par exemple. Chaque caractère est inscrit dans une matrice de 5 colonnes de 8 points.

N° DE BROCHE	SIGNAL	NIVEAU
1	VSS	Masse
2	VDD	+ 5 V
3	V_{LC}	< 2,5 V
4	RS	0 = Instruction 1 = caractère.
5	R/$\overline{W}$	0 = écriture 1 = lecture
6	E	Front descendant
7	D0	Logique positive
8	D1	Logique positive
9	D2	Logique positive
10	D3	Logique positive
11	D4	Logique positive
12	D5	Logique positive
13	D6	Logique positive
14	D7	Logique positive

D7 à D0 : Bus de données bidirectionnel 3 états (Haute impédance lorsque E=0)

E : Entrée de validation (ENABLE); elle est active sur front descendant. Il est important ici de tenir compte des 2 seuils, durée de commutation importantes en pratique; lorsque RS et R/$\overline{W}$ ont atteint un niveau stable, il doit se passer un intervalle de 140 ns minimum avant que la ligne "E" ne passe au niveau haut. Cette ligne doit ensuite, être maintenue à ce niveau pendant 450 ns au moins et les données doivent rester stables sur le bus de données jusqu'au début du flanc descendant de ce signal. Lorsque E=0, les entrées du bus de l'afficheur sont à l'état haute impédance.

(*front montant Latch de l'état RS et R/W, front descendant latch de la donnée*)

R/W̄ : Lecture ou écriture. (READ/WRITE)

Lorsque R/W̄ est au niveau bas, l'afficheur est en mode "écriture", et lorsque R/W̄ est au niveau haut, l'afficheur est en mode "lecture".

RS : Sélection du registre. (REGISTER SELECT) : Grâce à cette broche, l'afficheur est capable de faire la différence entre une commande et une donnée. Un niveau bas indique une commande et un niveau haut indique une donnée.

VLC : Cette tension permet le réglage du contraste de l'afficheur. C'est une tension négative et tournant autour de -1,5 V. (selon l'angle de visualisation). Le principe de fonctionnement est simple, pour visualiser un caractère, il suffit de le présenter sur le bus de donnée (codé en ASCII), de mettre RS au niveau haut (caractère), R/W̄ au niveau bas (écriture), et de provoquer un front descendant sur l'entrée de validation de l'afficheur (E).

LCD Commands

Instruction	Code									Description	Execution time**
	RS	R/W	DB7	DB6	DB5	DB4	DB3	DB2	DB1	DB0		
Clear display	0	0	0	0	0	0	0	0	0	1	Clears display and returns cursor to the home position (address 0).	1.64mS
Cursor home	0	0	0	0	0	0	0	0	1	*	Returns cursor to home position (address 0). Also returns display being shifted to the original position. DDRAM contents remains unchanged.	1.64mS
Entry mode set	0	0	0	0	0	0	0	1	I/D	S	Sets cursor move direction (I/D), specifies to shift the display (S). These operations are performed during data read/write.	40uS
Display On/Off control	0	0	0	0	0	0	1	D	C	B	Sets On/Off of all display (D), cursor On/Off (C) and blink of cursor position character (B).	40uS
Cursor/display shift	0	0	0	0	0	1	S/C	R/L	*	*	Sets cursor-move or display-shift (S/C), shift direction (R/L). DDRAM contents remains unchanged.	40uS
Function set	0	0	0	0	1	DL	N	F	*	*	Sets interface data length (DL), number of display line (N) and character font(F).	40uS
Set CGRAM address	0	0	0	1	CGRAM address						Sets the CGRAM address. CGRAM data is sent or received after this setting.	40uS
Set DDRAM address	0	0	1	DDRAM address							Sets the DDRAM address. DDRAM data is sent or received after this setting.	40uS
Read busy-flag and address counter	0	1	BF	DDRAM address							Reads Busy-flag (BF) indicating internal operation is being performed and reads address counter contents.	0uS
Write to CGRAM or DDRAM	1	0	write data								Writes data to CGRAM or DDRAM.	40uS
Read from CGRAM or DDRAM	1	1	read data								Reads data from CGRAM or DDRAM.	40uS

Notes:

Commande	0	1
ID	Déplacement vers la gauche	Déplacement vers la droite
S	L'affichage ne bouge pas	L'affichage est décalé
D	Affichage OFF	Affichage ON
C	Absence du curseur	Visualisation du curseur
B	Absence de clignotement du caractère	Clignotement du caractère
S/C	Déplacement du curseur	Déplacement de l'affichage
R/L	Décalage vers la gauche	Décalage vers la droite
DL	4 bits	8 bits
N	Ligne du haut	2 lignes validées

Application 1 :

On désire commander in afficheur LCD 2X16 par le port RS232 d'un PC. En fait l'FPGA est intercalé entre le PC et l'afficheur LCD qui assure la communication entre eux, voir figure .

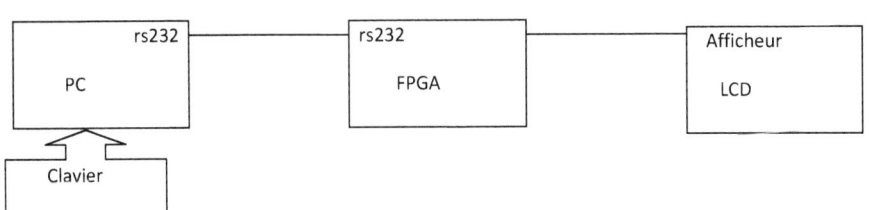

Code de l'UART

```
library IEEE;
use IEEE.STD_LOGIC_1164.ALL;
use IEEE.STD_LOGIC_ARITH.ALL;
use IEEE.STD_LOGIC_UNSIGNED.ALL;
entity uar_rx is
  Port ( clk : in STD_LOGIC;
  rx: in std_logic;
  f: out std_logic;
  data: out std_logic_vector( 7 downto 0)
       );
end uar_rx;

architecture arch of uar_rx is
signal sclk: std_logic;
signal sdata:std_logic_vector( 7 downto 0);
begin
process (clk)
variable v: integer:=0;
variable k: std_logic:='0';
begin
if clk'event and clk='1' then
v:=v+1;
if (v=2604) then
```

```
k:= not k;
v:=0;
end if;
end if;
sclk<=k;
end process;
-----------------
process (sclk,rx)
        variable v: std_logic_vector (9 downto 0);
        variable i,memo: integer:=0;
        begin
        if rx='0' and memo= 0 then
            memo:=1;
             elsif ((sclk'event and sclk='1')  and (memo
=1)) then
```

```
v:=rx & v(9 downto 1);
i:=i+1;
    memo:=1;
    f<='0';
    if (i=10) then
    data<=v ( 8 downto 1);
    memo:=0;
    f<='1';
    i:=0;
    end if;
  end if;
end process;

end arch;
```

Code de   LCD

```
LIBRARY IEEE;
USE IEEE.STD_LOGIC_1164.ALL;
USE IEEE.STD_LOGIC_UNSIGNED.ALL;
ENTITY lcd IS
PORT (
clk, st : IN STD_LOGIC;
LCD_DATA : buffer STD_LOGIC_vector ( 7 downto 0);
LCD_EN : OUT STD_LOGIC;
LCD_RS : OUT STD_LOGIC;
LCD_Rw : OUT STD_LOGIC:='0';
data_in: std_logic_vector ( 7 downto 0));
 END lcd;
architecture arch of lcd is
type state is (s0,s1,ss1,s2,ss2,s3,ss3,s4,ss4,ss0,s5,ss5)
;
signal ep: state:=s0;
signal es: state;
signal sclk,s_st: std_logic:='0';
begin
process (clk)
variable v: integer:=0;
variable k: std_logic:='0';
begin
if clk'event and clk='1'  then
v:=v+1;
if (v=5*10**5) then
k:=not k;
v:=0;
end if;
end if;
```

```
sclk<=k;
end process;
-------------------
---------------------------------------
PROCESS (clk)
variable rg: std_logic_vector(1 downto 0):="00";
        BEGIN
                        IF clk'EVENT AND clk = '1' THEN
   rg:=st & rg(1);
   END IF;
   s_st <= rg(1) AND (NOT rg(0));
 END PROCESS;
-----------------------------------
process (sclk,s_st)
variable s_data: std_logic_vector( 7 downto 0)
:="00000000";
begin
if s_st='1' then
es<=s5;
s_data:=data_in;
elsif sclk'event and sclk='1'  then
case ep is
when s0=>
lcd_en<='0';
LCD_RS <='0';
lcd_data<=(others=>'0');
es<=s1;

------------------------
when s1=>
```

```
lcd_en<='1';
LCD_RS <='0';
lcd_data<= "00111000";
es<=ss1;
-------------
when ss1=>
lcd_en<='0';
LCD_RS <='0';
lcd_data<= "00111000";
es<=s2;
------------------------------------------
when s2=>
lcd_en<='1';
LCD_RS <='0';
lcd_data<= "00000001";
es<=ss2;
-------------
when ss2=>
lcd_en<='0';
LCD_RS <='0';
lcd_data<= "00000001";
es<=s3;
----------------------------------------
when s3=>
lcd_en<='1';
LCD_RS <='0';
lcd_data<= "00000110";
es<=ss3;
-----------------
when ss3=>
lcd_en<='0';
LCD_RS <='0';
lcd_data<= "00000110";
es<=s4;
------------------------------------------
when s4=>
lcd_en<='1';
LCD_RS <='0';
lcd_data<= "00001110";
es<=ss4;
----------------
when ss4=>
cd_en<='0';
LCD_RS <='0';
lcd_data<= "00001110";
es<=ss0;
---------------------------------------------
---------------------------------------------
when ss0=>
```

```
lcd_en<='0';
LCD_RS <='1';
lcd_data<="00000000";
es<=ss0;
--------------------
when s5=>
lcd_en<='1';
LCD_RS <='1';
lcd_data<= s_data;
es<=ss5;

-----------------
when ss5=>
lcd_en<='0';
LCD_RS <='1';
lcd_data<= s_data;
es<=ss0;
end case;
end if;
ep<=es;
end process;

end arch;
```

Code de circuit globale

```
library IEEE;
use IEEE.STD_LOGIC_1164.ALL;
use IEEE.STD_LOGIC_ARITH.ALL;
use IEEE.STD_LOGIC_UNSIGNED.ALL;

entity globale is
  PORT (clk,rx : IN STD_LOGIC;
LCD_DATA : OUT STD_LOGIC_vector ( 7 downto 0);
LCD_EN : OUT STD_LOGIC;
LCD_Rw : OUT STD_LOGIC:='0';
LCD_RS : OUT STD_LOGIC
);
end globale;
architecture Behavioral of globale is
component lcd IS
PORT (
clk, st : IN STD_LOGIC;
LCD_DATA : buffer STD_LOGIC_vector ( 7 downto 0);
LCD_EN : OUT STD_LOGIC;
LCD_RS : OUT STD_LOGIC;
LCD_Rw : OUT STD_LOGIC:='0';
data_in: std_logic_vector ( 7 downto 0));
END component;

component uar_rx is
  Port ( clk : in STD_LOGIC;
    rx: in std_logic;
  f: out std_logic;
  data: out std_logic_vector( 7 downto 0)
  );
end component;
signal sst: std_logic;
signal sdata: std_logic_vector( 7 downto 0);
begin
u0: uar_rx port map(clk,rx,sst,sdata);
u1:lcd port map
(clk,sst,LCD_DATA,LCD_EN,LCD_RS,LCD_Rw,sdata);
end Behavioral;
```

Application 2 :

On désire commander in afficheur LCD 2X16 par un clavier PS2 ou USB. En fait l'FPGA est intercalé entre le clavier et l'afficheur LCD qui assure la communication entre eux, voir figure .

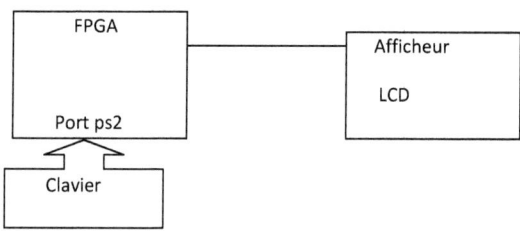

Code pkeyps2

```vhdl
library IEEE;
use IEEE.STD_LOGIC_1164.ALL;
use IEEE.STD_LOGIC_ARITH.ALL;
use IEEE.STD_LOGIC_UNSIGNED.ALL;
entity pkeyps2 is
    Port (ps2c : in  STD_LOGIC;
      ps2d :in  STD_LOGIC;
data : out std_logic_vector (7 downto 0);
f:buffer  std_logic);
end pkeyps2 ;
architecture Behavioral of pkeyps2  is
signal s1,s2,s3: std_logic_vector( 10 downto 0);
begin
process (ps2c)
variable i: integer:=0;
begin
if ps2c'event and ps2c='1' then
s1<=ps2d & s1(10 downto 1);
s2<=s1(0)& s2(10 downto 1);
s3<=s2(0)& s3(10 downto 1);
i:=i+1;
f<='0';
if (i=33)then
data<= s3 (8 downto 1);
i:= 0;
f<='1';
end if;
end if;
end process;
end Behavioral;
```

Code LCD

```vhdl
LIBRARY IEEE;
USE IEEE.STD_LOGIC_1164.ALL;
USE IEEE.STD_LOGIC_UNSIGNED.ALL;
ENTITY lcd IS
PORT (
clk, st : IN STD_LOGIC;
LCD_DATA : buffer STD_LOGIC_vector ( 7 downto 0);
LCD_EN : OUT STD_LOGIC;
LCD_RS : OUT STD_LOGIC;
LCD_Rw : OUT STD_LOGIC:='0';
data_in: std_logic_vector ( 7  downto 0));
 END lcd;
architecture arch of lcd is
type state is (s0,s1,ss1,s2,ss2,s3,ss3,s4,ss4,ss0,s5,ss5)
;
signal ep: state:=s0;
signal es: state;
signal sclk,s_st: std_logic:='0';
signal Ascii_code: std_logic_vector (7 downto 0);
begin
with data_in select
ascii_code <=
"00110000" when "11100000", -- 0
"00110001" when "11010010" , -- 1
"00110010" when "11100100" , -- 2
"00110011" when "11110100" , -- 3
"00110100" when "11010110" , -- 4
"00110101" when "11100110" , -- 5
"00110110" when "11101000" , -- 6
"00110111" when "11011000" , -- 7
"00111000" when "11101010" , -- 8
"00111001" when "11111010" , -- 9
"01000001" when "00010101" , -- A
"01000010" when "01100010" , -- B
"01000011" when "01000010" , -- C
"01000100" when "01000110" , -- D
"01000101" when "01000100" , -- E
"01000110" when "01010110" , -- F
"01000111" when "01101000" , -- G
"01001000" when "01100110" , -- H
"01001001" when "10000110" , -- I
"01001010" when "01110110" ,-- J
"01001011" when "10000100" , -- K
"01001100" when "10010110" , -- L
"01001101" when "10011010" , -- M
"01001110" when "01110010" , -- N
"01001111" when "10001010" , -- O
"01010000" when "10011010" , -- P
"01010001" when "00110010" , -- Q
"01010010" when "01010010" , -- R
"01010011" when "00011010" , -- S
"01010100" when "01011010",-- T
"01010101" when "01111000" , -- U
"01010110" when "01010100" , -- V
```

```vhdl
"01010111" when "00110100", -- W
"01011000" when "01000100", -- X
"01011001" when "01010100", -- Y
"01011010" when "00111010",--Z
"00101010"  when others ;
process (clk)
variable v: integer:=0;
variable k: std_logic:='0';
begin
if clk'event and clk='1' then
v:=v+1;
if (v=5*10**5) then
k:=not k;
v:=0;
end if;
end if;
sclk<=k;
end process;
-------------------
--------------------------------------
PROCESS (clk)
variable rg: std_logic_vector(1 downto 0):="00";
          BEGIN
                    IF clk'EVENT AND clk = '1' THEN
    rg:=st & rg(1);
    END IF;
    s_st <= rg(1) AND (NOT rg(0));
 END PROCESS;
-----------------------------------
process (sclk,s_st)
variable s_data: std_logic_vector( 7 downto 0)
:="00000000";
begin
if s_st='1' then
es<=s5;
s_data:=Ascii_code;
elsif sclk'event and sclk='1' then
case ep is
when s0=>
lcd_en<='0';
LCD_RS <='0';
lcd_data<=(others=>'0');
es<=s1;

-----------------------
when s1=>
lcd_en<='1';
LCD_RS <='0';
lcd_data<= "00111000";
es<=ss1;

-------------
when ss1=>
lcd_en<='0';
LCD_RS <='0';
lcd_data<= "00111000";
es<=s2;

-------------------------------------------
when s2=>
lcd_en<='1';
LCD_RS <='0';
lcd_data<= "00000001";
es<=ss2;

-------------
when ss2=>
lcd_en<='0';
LCD_RS <='0';
lcd_data<= "00000001";
es<=s3;

-------------------------------------------
when s3=>
lcd_en<='1';
LCD_RS <='0';
lcd_data<= "00000110";
es<=ss3;

-----------------
when ss3=>
lcd_en<='0';
LCD_RS <='0';
lcd_data<= "00000110";
es<=s4;

-------------------------------------------
when s4=>
lcd_en<='1';
LCD_RS <='0';
lcd_data<= "00001110";
es<=ss4;

-----------------
when ss4=>
lcd_en<='0';
LCD_RS <='0';
lcd_data<= "00001110";
es<=ss0;

----------------------------------------------
----------------------------------------------
when ss0=>
```

```vhdl
lcd_en<='0';
LCD_RS <='1';
lcd_data<="00000000";
es<=ss0;
--------------------
when s5=>
lcd_en<='1';
LCD_RS <='1';
lcd_data<= s_data;
es<=ss5;
----------------

when ss5=>
lcd_en<='0';
LCD_RS <='1';
lcd_data<= s_data;
es<=ss0;
end case;
end if;
ep<=es;
end process;
end arch;
```

Code circuit globale

```vhdl
library IEEE;
use IEEE.STD_LOGIC_1164.ALL;
use IEEE.STD_LOGIC_ARITH.ALL;
use IEEE.STD_LOGIC_UNSIGNED.ALL;
entity globale is
    PORT (clk,ps2c,ps2d : IN STD_LOGIC;
LCD_DATA : OUT STD_LOGIC_vector ( 7 downto 0);
LCD_EN : OUT STD_LOGIC;
LCD_Rw : OUT STD_LOGIC:='0';
LCD_RS : OUT STD_LOGIC
);
end globale;
architecture Behavioral of globale is
component lcd IS
PORT (
clk, st : IN STD_LOGIC;
LCD_DATA : buffer STD_LOGIC_vector ( 7 downto 0);
LCD_EN : OUT STD_LOGIC;
LCD_RS : OUT STD_LOGIC;
LCD_Rw : OUT STD_LOGIC:='0';
data_in: std_logic_vector ( 7 downto 0));
    END component;
component pkeyps2 is
    Port (ps2c : in  STD_LOGIC;
        ps2d :in  STD_LOGIC;
data : out std_logic_vector (7 downto 0);
f: buffer std_logic);
end component ;
signal sst: std_logic;
signal sdata: std_logic_vector( 7 downto 0);
begin
u0: pkeyps2  port map(ps2c,ps2d,sdata,sst);
u1:lcd port map (clk,sst,LCD_DATA,LCD_EN,LCD_RS, LCD_Rw,sdata);
end Behavioral;
```

Bibliographies

[1] Richard E Haskell and Darrin M. Hanna "Learning by example using VHDL advanced digital design with Nexys-2 FPGA board " ISBN 978-09801337-4-5 ; LEB book (2009)

[2] Pong P. Chu " FPGA PROTOTYPING BY VHDL EXAMPLES" A JOHN WILEY & SONS, INC., PUBLICATION ISBN 978-0-470-18531-5 (2008)

[3] IEEE, IEEE Standardfor VHDL Register Transfer Level (RTL) Synthesis (IEEE Std 107661999), Institute of Electrical and Electronics Engineers, 2000.

[4] Digilent Nexys2 Board Reference Manual ® www.digi lent inc.com Revision: July 11, 2011

[5]Spartan-3 FPGA Starter Kit Board User Guide UG130 (v1.2) June 20, 2008

[6]Digilent Nexys3 Board Reference Manual ® www.digi lent inc.com Revision: July 11, 2013

[7]MicroPC et Image VGA : Christophe Paris – PFE ENSEIRB 2002

[8]Rapid prototyping of digital systems: James O. Hamblen , Michael D. Fuman – Kluwer academic publishers

[9] Le site de J.Weiss : http://www.supelec-rennes.fr/ren/perso/jweiss/

[10] Charles Sébastien " Mise en oeuvre UART" I4SE-AE2 Avril 2005 disponible à http://www.brodeurelectronique.com/projets/uart/UART.pdf

[11]PATRIE Thomas CARLIER Julien " Projet conception de circuits Le jeu de la souris (2006) Disponible à http://joulious.free.fr/RapportProj/Rapport_vhdl.pdf

[12]W. Wolf, FPGA-Based System Design, Prentice Hall, 2004.

[13]Xilinx, XST User Guide v12.Ii, Xilinx, Inc.

[14] T. Lehmann and A. Schreckenberg. Case study of integration of reconfigurabel logic as a coprocessor into a sci-cluster under rt-linux. In Field-Programmable Logic and Applications, Belfast, Northern Irland, August 2001. Springer.

[15] T. Lengauer. Combinatorial Algorithm for Integrated Circuit Layout. Teubner Stuttgart, 1990.

[16] H. Liu and D. F. Wong. Network flow-based circuit partitioning for time-multiplexed FPGAs. InIEEE/ACM International Conference on Computer-Aided Design, pages 497–504, 1998. 107

[17] H. Liu and D. F. Wong. Circuit partitioning for dynamicaly reconfigurable fpgas. In International Symposium on Field Programmable Gate Arrays(FPGA 98), pages 187 – 194, Monterey, California, 1999. ACM/SIGDA

[18] S. Y Kung, VLSI array processors, prentice hall 1988

[19] PlanAhead User Guide UG632 (v 12.1) May 3, 2010

Oui, je veux morebooks!

I want morebooks!

Buy your books fast and straightforward online - at one of the world's fastest growing online book stores! Environmentally sound due to Print-on-Demand technologies.

Buy your books online at
www.get-morebooks.com

Achetez vos livres en ligne, vite et bien, sur l'une des librairies en ligne les plus performantes au monde!
En protégeant nos ressources et notre environnement grâce à l'impression à la demande.

La librairie en ligne pour acheter plus vite
www.morebooks.fr

OmniScriptum Marketing DEU GmbH
Heinrich-Böcking-Str. 6-8
D - 66121 Saarbrücken
Telefax: +49 681 93 81 567-9

info@omniscriptum.com
www.omniscriptum.com

Printed by Books on Demand GmbH, Norderstedt / Germany